Rosa Coppola
Kathrin Rögglas Szeno-Graphien der Gegenwart

Gegenwartsliteratur –
Autoren und Debatten

Rosa Coppola

Kathrin Rögglas Szeno-Graphien der Gegenwart

—

Formen und Methoden einer performativen Prosa (1995–2016)

DE GRUYTER

ISBN 978-3-11-125169-1
e-ISBN (PDF) 978-3-11-133114-0
e-ISBN (EPUB) 978-3-11-133116-4
ISSN 2567-1219

Library of Congress Control Number: 2024940059

Bibliografische Information der Deutschen Nationalbibliothek
Die Deutsche Nationalbibliothek verzeichnet diese Publikation in der Deutschen Nationalbibliografie;
detaillierte bibliografische Daten sind im Internet über http://dnb.dnb.de abrufbar.

© 2024 Walter de Gruyter GmbH, Berlin/Boston
Einbandabbildung: Andrea Bolognino: „La città è una macchina inutile"
Satz: Integra Software Services Pvt. Ltd.

www.degruyter.com

Inhaltsverzeichnis

1	**Einleitung** —— 1	
1.1	Das programmatische „Zwischen" —— 1	
1.2	Zum aktuellen Stand der Röggla-Forschung —— 4	
1.3	Szeno-Graphien der Gegenwart —— 6	
1.4	Ästhetische Dispositive des szeno-graphischen Realismus: Montage, Konjunktiv, Erzählinstanz —— 11	
1.5	Aufbau der Arbeit —— 15	
2	**Kathrin Rögglas Prosawerk als literarische Phänomenologie der Entmaterialisierung: Ein Periodisierungsvorschlag** —— 18	
2.1	An der Schwelle des Körpers: *niemand lacht rückwärts* (1995), *Abrauschen* (1997), *Irres Wetter* (2000) —— 18	
2.2	Übergang in die neue Welt: *really ground zero* (2001), *wir schlafen nicht* (2004) —— 20	
2.3	Transitszenarien der Kommunikation: *die alarmbereiten* (2010), *Nachtsendung: Unheimliche Geschichte* (2016) —— 21	
2.4	Phase 0: Der Elefant im und aus dem Raum —— 22	
3	**Ein Porträt im Gegenlicht: drei literarische Vorbilder** —— 24	
3.1	In der *Skepsis* verankert: Die Grammatik von Ernst Jandl und Elfriede Jelinek —— 24	
3.1.1	Der „reine Konjunktiv" Ernst Jandls —— 25	
3.1.2	Das „sprechen" von Elfriede Jelinek —— 29	
3.2	Parallele Laufbahnen: Das literarische Interview von Hubert Fichte —— 31	
3.2.1	Die performative Übertragung des Dialogischen —— 32	
3.3	Grundlagen einer radikalen Ästhetik: Der antagonistische Realismus Alexander Kluges —— 36	
4	**Szeno-Graphien der Gegenwart: Das Prosawerk von Kathrin Röggla** —— 39	
4.1	*niemand lacht rückwärts* (1995) —— 39	
4.1.1	Kontext: Das Spektakel des Prekariats —— 42	
4.1.2	Das textuelle Prinzip des rückwärts —— 45	
4.1.3	Erfolgreiche Strohmänner —— 48	
4.1.4	Ein Schlusswort-Prototyp: F R E A K – F R A N Z —— 51	
4.2	*Abrauschen* (1997) —— 54	
4.2.1	Kontext: Metropole vor- und rückwärts —— 56	

4.2.2	Kollidierende Sprachräume zweier Generationen: die Montagestrategie —— **58**	
4.2.3	Grundlage des neoliberalen Diskurses: die Sprache des kleinen und herr grunwalds —— **61**	
4.3	*Irres Wetter* (2000) —— **65**	
4.3.1	Berlin: Baustelle der Identität —— **65**	
4.3.2	Leben in Transit —— **67**	
4.3.3	Sendermänner des neoliberalen Diskurses —— **72**	
4.4	*really ground zero: 11. september und folgendes* (2001) —— **82**	
4.4.1	Die Katabasis als narrative Struktur —— **85**	
4.4.2	Das Ritual der Politik —— **88**	
4.4.3	Das Wesen eines *dixit* —— **93**	
4.4.4	Schlusswort I —— **94**	
4.5	*wir schlafen nicht* (2004) —— **98**	
4.5.1	Nicht-Orte der Macht in der globalen Landschaft —— **101**	
4.5.2	Gespenster des Diskurses —— **104**	
4.5.3	Schusswort II —— **110**	
4.6	*die alarmbereiten* (2010) —— **113**	
4.6.1	Das Protokoll als Erzählformat —— **114**	
4.6.2	Hypothetische Zukunftsszenarien —— **120**	
4.6.3	Nachrichten vom Weltuntergang —— **123**	
4.7	*Nachtsendung. Unheimliche Geschichten* (2016) —— **124**	
4.7.1	Das Unheimliche im verbalen Spannungsfeld —— **127**	

5 Vorläufiger Epilog – Der Elefant im Raum —— 131

6 Literaturverzeichnis —— 135

Danksagung —— 143

Register —— 145

1 Einleitung

„Was bleibt einer Literatur übrig, die mit so einer Ausgangslage konfrontiert ist, welche Dramaturgie erstellen, welchen Rahmen kann sie noch setzen, welche Widerstandskräfte gegen den eben festgestellten Stillstand mobilisieren?" Mit dieser Frage leitet Kathrin Röggla ihre Poetikvorlesungen 2016 in Zürich ein. Das evozierte Bild einer permanenten „Ausgangslage" der Gegenwart, die auf dem literarischen Feld die Suche nach einem „Übriggebliebenen" ständig fordert, fasst die Poetik der Autorin emblematisch zusammen. Gerade die Prozesse der formalen Gestaltung dieses „Übrigen" stehen im Zentrum der folgenden Seiten. Durch eine Analyse ihrer stilistischen Entwicklung im Rahmen der sogenannten „strukturalen Realismen" (Kammer und Krauthausen 2020) soll ein kritisches Porträt der zeitgenössischen Schriftstellerin Kathrin Röggla (geb. Salzburg, 1971) gezeichnet werden.

1.1 Das programmatische „Zwischen"

Mit explizitem Verweis auf die österreichischen Autor:innen der Sprachskepsis (Röggla 2011, 2016) und auf Hubert Fichtes Ethnopoesie (Röggla 2002, 2006, 2015b, 2016) liest Röggla die Krise der Gegenwart durch die Sprache und sucht dabei sowohl im alltäglichen als auch im öffentlichen Diskurs nach den Spuren der soziokulturellen Veränderungen, welche die *conditio humana* im Jahrhundert des Neoliberalismus prägen. Darauf abzielend entwickelt sich ihre Poetik in dem schwebenden Raum eines „Zwischen" (vgl. Röggla 2019a, Krauthausen 2022), das sich auf mehreren Ebenen entfaltet.

Zunächst versteht man unter „Poetik des Zwischen" eine Erzählperspektive, welche die Komplexität bzw. Vielschichtigkeit des Realen nicht durch seine mimetische Abbildung zeigt, sondern anhand formaler Abstraktionsmechanismen operiert, die die zeitgenössischen Machtdynamiken in kollektiven Denk- und Sprechstrukturen zum Ausdruck bringen.

Die Relevanz dieser hybriden Perspektivierung lässt sich auf den ersten Blick in der Poetologie der Autorin erkennen. Den „Zwischengeschichten" und den „Zwischenmenschen" ist die zweite Bamberger Poetikvorlesung gewidmet. In diesem Kontext richtet Kathrin Röggla besondere Aufmerksamkeit auf die pointierte Unfertigkeit dieser Dynamiken und Figuren, die somit „nach außen reichen" (2019, 41) bzw. im Kontakt mit der nicht-literarischen Außenwelt bleiben. Die unscharfe Charakterisierung bildet also eine der Grundlagen für das realistische

Schreiben Rögglas, die sich auch in der unmöglichen Gattungsanordnung ihres Werks widerspiegelt.

Bereits seit ihrem Debüt bewegt sich Kathrin Röggla aufgrund ihrer Forschungspraxis bewusst zwischen mehreren Erzählformaten wie Prosa, Theater und Radio. Trotz der formalen Differenzen, die in den Romanen, Theateraufführungen und Hörspielen zu finden sind, wurden die Werke der Autorin immer nach demselben Prinzip aufgebaut, nämlich dem der Feldforschung. Kathrin Röggla wählt einen Kontext bzw. ein Milieu aus und durchkreuzt es mal physisch, mal sprachlich; dann sammelt sie ihr dokumentarisches Material, das hauptsächlich mündlich ist, und schreibt es um. Die Umschreibungsprozesse laufen für mehrere Gattungen zugleich, was sich auch in der fast parallelen Veröffentlichung von zusammenhängenden Werken in unterschiedlichen Medien manifestiert. Ein symptomatisches Beispiel dafür ist *wir schlafen nicht*, das 2004 als Roman, Theatertext und Hörspiel erschien.

Die mediale Varietät, in der sich Röggla bewusst ausdrückt, ist Teil einer weiteren entscheidenden poetologischen Reflexion, die den Gattungsbegriff infragestellt. Mit „Gattung" bzw. „Genre" bezieht sich die Autorin auf die festgelegten Rezeptionsmechanismen, durch die der Alltag wahrgenommen wird (vgl. Röggla 2013c; 2013d). Sie sind als bevorzugtes Konsumgut zu verstehen, welches die diskursiven Manipulationsmechanismen in Gang setzt. In der populären Kultur tief verwurzelt, bietet das Genre dann ein *„framing* für die Ereignisse" an (Michler 2022, 110), das unabhängigen bzw. kritischen Interpretationen keinen Platz lässt. Die programmatische Intermedialität ihres Werks (vgl. Rajewski 2002) ist also formal Teil des politischen Engagements der Autorin. Dementsprechend stellt Kathrin Röggla in Bezug auf ihre eigene künstlerische Praxis fest: „Geht es nicht darum, auf dem ästhetischen Feld mit ästhetischen Mitteln eine sehr spezielle Form von Kritik zu erzeugen?" (Röggla 2013a, 320). Das wesentliche Mittel von Schriftsteller:innen ist schließlich die Sprache. Insofern lässt sich eruieren, dass sich im Fall Rögglas die Sprache selbst in einer Zwischenzone befindet. Die Wahrnehmung der Sprache als Zwitterfigur schlägt sich formal in der Zentralität des Dialogischen in Kathrin Rögglas Werk nieder. Sie experimentiert mit dem Dialogischen intensiv und unterstreicht seine Relevanz poetologisch. In Anlehnung an die Ästhetik Hubert Fichtes beschreibt Röggla das ideale Ergebnis ihrer angewandten Reflexionen darüber als „hässliches Gespräch":

> Ja, man müsste direkt eine Ästhetik des hässlichen Gesprächs erarbeiten, die dem Maß der Missverständnisse entspricht, der Abstände, dem kommunikativen Abgrund, der sich zwischen Menschen auftut, und zwar nicht existentialistisch verbrämt, sondern konkret, nicht jenseits des Materials, sondern in ihm, in den Diskursen, die ihre eigenen Verwerfungen haben, ihre Diskontinuitäten, Risse. (Röggla 2013c, 392)

Darunter versteht Röggla eine Erzähltechnik, die „Stolperstellen" (Röggla 2013c, 393) bzw. unerwartete Abweichungen von neoliberal diziplinierten Denkweisen, in den Akt des Sprechens einbaut. Mit anderen Worten: Ihr Umschreiben der Mündlichkeit zielt darauf ab, die versteckte Struktur von Denkschablonen offenzulegen. In dieser sprachkritischen Konjunktur bildet also der dialogische Ansatz einen Kernpunkt ihrer Poetologie, in der Röggla eine zunehmende Artikulation des Sprachbegriffes aufführt:

> Sprache gibt es sozusagen nicht mehr allein. Sie ist umgeben, aber in öffentlichen Äußerungen eigentlich immer da. Sie ist Form und gleichzeitig ein merkwürdiges Metamedium, und eigentlich schon mal per definitionem gar kein Medium, sie hat keinen Ort, sondern ist immer sehr unterschiedlich verkörpert. Aber der eigentliche Ort der Sprache liegt ohnehin stets zwischen den Menschen, denn eine Sprache spreche ich nicht für mich allein, selbst, wenn ich Selbstgespräche führe, entzweie ich mich, verdopple ich mich. [...] [Sprache] ist eine Verbindungslandschaft. Ihr Funktionieren ist rätselhaft, das mir klar zu machen, haben meine paar Semester Linguistik ausgereicht. Sie ist ein Komplexitätsspeicher. Sie ist multimedial, weder Schrift allein noch Mündlichkeit ausschließlich herrschen in ihr vor, beide stehen immer in Kontakt, beziehen sich aufeinander, ihr Zustand ist weder allein offline noch ausschließlich online. (Röggla 2019a, 56–57)

Die Definition der Sprache als „Metamedium" bezeichnet diejenige Dynamik, durch die sich die Kommunikation immer an zwei Fronten bewegt: einerseits an jener der Gesprächspartner:innen, andererseits an jener des Sprachsystems selbst. Sprache ist also an sich dialogisch. Der Akt des Sprechens eröffnet dann eine zusätzliche Perspektive, indem man sich mit den eigenen Ausdrucksmöglichkeiten, seien sie ästhetisch, sozial oder politisch konnotiert, implizit konfrontiert. In diesem Sinne könnte man behaupten: Die Sprache *sagt* sich selbst, da sie in einem Zwischenraum aus Individuen und Diskursen wächst. Deshalb liegt der authentische Ort der Sprache in der Spannung, die den Dialog lebendig hält. Diese Wahrnehmung des Sprachbegriffes ruft eine immanente performative Qualität der Sprache hervor, die als autopoietisches Dispositiv eine „Verbindungslandschaft" ist. Darüber hinaus unterstreicht diese Definition auch die politische Funktion der Arbeit am Dialogischen im Werk von Kathrin Röggla, da sie sich gegen die monologische Kultur der neoliberalen sprachlichen Unterwerfung wendet.

Die Formen des Dazwischen bzw. des Dialogischen sind also im Zentrum der Ästhetik von Kathrin Röggla und bilden deshalb den Gegenstand dieser Arbeit. Mit besonderem Augenmerk auf das Frühwerk wird hier der Formfindungsprozess dieser Poetik des Zwischen rekonstruiert, indem die Entwicklungen, Variationen und Funktionen folgender Gestaltungsmittel nachgezeichnet werden: Montage, indirekte Rede und Erzählinstanz.

1.2 Zum aktuellen Stand der Röggla-Forschung

Obwohl Kathrin Röggla in der zweiten Hälfte der 1990er Jahre in der Literaturszene debütierte, kam die Debatte über ihre Poetik erst Anfang der 2000er Jahre mit der Veröffentlichung ihrer – bisher – berühmtesten Werke, nämlich *really ground zero* (2001) und *wir schlafen nicht* (2004), im Rahmen einer Fallstudie auf. Von diesem Zeitpunkt an bis heute sind drei Forschungsrichtungen erkennbar: Die erste setzt Rögglas Schreiben als Fallbeispiel zunächst in den Kontext des sogenannten ‚Fräuleinwunders' (vgl. Meyer 2006) und später in den Rahmen des feministischen Schreibens in der Gegenwart (vgl. Wojno-Owczarska 2006; Vilar 2010; Feiereisen 2011).

Die zweite besteht vor allem aus soziologischen Beiträgen, welche die Thematisierung von Neoliberalismus und Globalisierung in Rögglas Werk im Verhältnis zu dessen dokumentarischer Komponente untersuchen. Dieser Teil hat sich stark auf *wir schlafen nicht* (2004) konzentriert und hierdurch die Autorin in das Panorama der „Arbeitsliteratur" eingeordnet (vgl. Bähr 2009, Clarke 2011, Gröbel 2011, Martin 2013, Schaffner 2017). Diese ersten Auseinandersetzungen bevorzugen einen inhaltlichen Ansatz und lassen dadurch das formale Experimentieren beiseite.

Die dritte Forschungsrichtung versucht diese Lücke zu füllen, indem sie sich nicht nur auf die ästhetischen Strategien Rögglas konzentriert (Ivanovic 2006; Krathausen 2006, Kremer 2008; Allkemper 2012), sondern auch Beziehungen zur Tradition des Realismus und des Dokumentarismus aufzeigt (vgl. Kormann 2015, Nusser 2016, Canaris 2017). In diesem Bereich müssen die Studien von Krauthausen besonders hervorgehoben werden, denn diese analysieren die Verwandlung des „konjunktivischen Interviews" (2006) ins „konjunktivische Erzählen" (2019, 2022) detailliert und bilden den Ausgangspunkt der Bemerkungen, die im Verlauf der vorliegenden Arbeit ausgeführt werden.

Darüber hinaus spiegeln die jüngsten Beiträge die zunehmende Resonanz des Werkes von Kathrin Röggla in der internationalen Literaturszene wider, da sie sich als monographische Sammelbände präsentieren (Balint et al., 2017; Marx und Schöll 2019; Degner und Gürtler 2022) und dadurch heterogene Ansätze zur Poetik der Autorin anbieten. In diesem Kontext finden sich zahlreiche Definitionsversuche der Realismusgestaltung in Rögglas Werk: Gröbel (2011) bezeichnet diese als „dekonstruktiven Dokumentarismus"; Canaris (2017) hingegen betont die Resonanz der Theorien von Michel Foucault und charakterisiert Rögglas Verfahren mit der Wirklichkeit als „diskursiven Realismus". Eine erfolgreiche Kodifizierung ist Schöll (2019) zuzuschreiben, die durch die Analyse des Motivs des Unheimlichen in den jüngsten Werken der Autorin Rögglas Schreiben als Ausdruck eines „gespenstischen Realismus" definiert. Diese Formulierung ist besonders relevant, denn sie hebt die Verbindung zwischen der Erzählung der Wirklichkeit durch das Außergewöhnliche bzw. das Unsichtbare und der politischen Motivation dahinter hervor, da es historisch immer einen „Zusammenhang zwischen jenem neuen Realismus und dem Sprechen von Gespenstern" gab (2019, 107).

Trotz ihrer Schärfe neigen diese Definitionen dazu, sich auf bestimmte Phasen des Werks von Kathrin Röggla zu konzentrieren, und vernachlässigen damit eine allgemeine Perspektive, die stattdessen in den Vorschlägen von Navratil (2022) und insbesondere von Krauthausen (2022) zu finden ist. Durch die Auseinandersetzung mit dem Begriff der „Kontrafaktik" im Rahmen der zeitgenössischen Literatur, d. h. mit der pointierten Widerlegung von „Fakten" durch ihre kritische Verfälschung oder Nachahmung, bezeichnet Navratil die Poetik Rögglas als Ausdruck einer „formalen Kontrafaktik" (2022, 246), weil sie die Referenzstrukturen des Realen sprachlich sabotiere:

> Bei Röggla treten nicht so sehr einzelne Textpropositionen in Widerspruch zu realweltlichen Faktenannahmen (obwohl auch dieser Fall vereinzelt vorkommt); stattdessen wird eine Variation von Faktenmaterial anhand *sprachlich-formaler Verfremdungseffekte* angezeigt. (Navratil 2022, 369)

Dieser Lektüre folgend, schöpft die Schriftstellerin jedoch nicht eine zu- bzw. gegensätzliche Version der Wirklichkeit, sondern stellt die Referenzstrukturen des Realen mit denselben Mitteln infrage, die diese Referenzstrukturen bilden, was ihrem Werk einen kontrafaktischen Wert verleiht.

Auch Krauthausen legt den Akzent bei Röggla auf die sprachlichen Strukturen des Realen. Indem sie Rögglas Sprachexperimente mit der von Hubert Fichte entwickelten Praxis der ethnopoetischen Forschung in Verbindung bringt, bezeichnet sie diese Erzählperspektive als Ausdruck eines „strukturalen Realismus" (Krauthausen 2022), der darauf aufbauend die Züge eines „strategischen Realismus" (Kammer und Krauthausen 2020, 116) aufweist. In Anlehnung an Kittlers Definition des Strukturbegriffes als „fast dasselbe wie ein System, nur diesmal von außen gesehen" (2013, 270), fokussieren sich Kammer und Krauthausen auf diejenigen zeitgenössischen Schriftsteller:innen, die „gezielt oder en passant, affirmativ oder kritisch – auf explizite strukturalistische Theoriebildungen Bezug [nehmen]" (2020, 16). Diese literarischen Ausdrücke zeigen stets, wiederum implizit oder explizit, poetische und poetologische Verbindungen zu einem realistischen Programm. Auf diese Weise entsteht eine Symmetrie zwischen der poetologischen Referenz auf die nach Milner (2002) erweiterte Wahrnehmung des Strukturalismus und zeitübergreifenden Poetiken des Realismus. Trotz ihrer ästhetischen Unterschiede teilen solche Poetiken das grundlegende Ziel, „mit den Mitteln des Erzählens und/oder der szenischen Darstellung einer Wirklichkeit gerecht zu werden" (Kammer und Krauthausen 2020, 16). In diesem Kontext verortet sich Rögglas Werk als eine mögliche Deklination dieses strukturalen Realismus gerade aufgrund ihrer Poetik des Zwischen. Wie Krauthausen weiter feststellt, besteht das grundlegende „Unwägbare"

(2022, 89) ihres Schreibens sowohl aus inhaltlichen als auch ästhetischen Elementen, die ausschließlich durch die „Dringlichkeit der Form" (Röggla 2019a, 47) zusammengehalt werden.

Davon ausgehend profiliert sich diese Forschung als erste monographische Studie über die Poetik Kathrin Rögglas, die ihren Formfindungsprozess unter die Lupe nimmt. Auf den Prozess abzielend wurden zuerst die ästhetischen Dispositive identifiziert, auf die sich diese „Form" bzw. ihr Stil gründet, und anschließend im Rahmen des Prosawerks der Autorin chronologisch analysiert. In diesem Zusammenhang wurde die Aufmerksamkeit insbesondere auf das Verhältnis zwischen der Performativität der Forschungspraxis von Kathrin Röggla und der Performanz ihres Stils gelenkt, denen beiden eine immanente Theatralität innewohnt. Abschließend wird begründet, inwiefern Rögglas Schreiben im Kontext der strukturalen Realismen als *szeno-graphischer Realismus* angesehen werden kann.

1.3 Szeno-Graphien der Gegenwart

Das Spektrum des Performativen steht in Kontinuität mit dem theoretischen Repertoire, aus dem Kathrin Röggla ihr Schreiben modelliert. Dabei sei zunächst Michel Foucault erwähnt, der „Elefantenschriftsteller" (Röggla 2019b, 6). Seine Theorie der Gouvernementalität sowie sein Diskursbegriff selbst gelten als Impulse für die Perspektive der Autorin auf aktuelle sozial-ökonomische Krisen (vgl. Navratil 2022, 366) und insbesondere auf die Modalitäten, durch welche sich die geltenden Machtdynamiken in der alltäglichen und öffentlichen Sprache herauskristallisieren. Die Autorin beobachtet die Kommunikationsmechanismen also durch eine „Foucaultsche Brille" (Röggla 2015, 12), d. h. sie versucht, in ihnen die Reflexe der Machtverhältnisse zum Vorschein zu bringen. Darauf aufbauend isoliert sie durch die Umschreibung des dokumentarischen Materials die konstitutiven Strukturen der Macht, um ihr Funktionieren kritisch offenzulegen.

Diese Konzeption des Erzählens und seiner ästhetischen Verfahren entwickelt Röggla anhand der poststrukturalistischen Theorie von Gilles Deleuze und Félix Guattari. In *Tausend Plateaus* (1982) formulieren die Philosophen das Denkbild der indirekte Rede als „,erste' Sprache oder vielmehr die erste Bestimmung, die die Sprache erfüllt", weil „eine Erzählung darin besteht, [...] zu übermitteln, was man gehört hat und was einem ein anderer gesagt hat" (Deleuze und Guattari 1992, 107). Die Verflüssigung des Sprachbegriffes als „Hörensagen" (Deleuze und Guattari 1992, 107), und zwar die Wahrnehmung der Sprachfähigkeit als Kommunikationsfähigkeit, unterstreicht die immanente Performativität der Sprache, die *implizit* immer mit dem Handeln in einem bestimmten gesellschaftlichen Kontext verbunden ist. Die Rezeption dieser Theorie spiegelt sich nicht nur in Rögglas Forschungspraxis, sondern auch, und zwar noch deutlicher, auf der textuellen Ebene wider. In Anlehnung an die österreichische Tradition der Sprachskepsis tradiert die Autorin die indirekte Rede in ihrem Schreiben durch die radikale Verwendung des Konjunktiv I, der ein konstitutives Stilmerkmal ihrer Poetik ist. Diese Konstatierung verdeutlicht sich beim näheren Beobachten der Definition von freier indirekter Rede in *Tausend Plateaus*:

> Gerade darin liegt der exemplarische Wert der indirekte Rede *und vor allem der „freien" indirekten Rede*: es gibt keine fest umrissenen Konturen, und vor allem gibt es keine Einführung von unterschiedlich individuierten Aussagen, keinen Zusammenschluß von verschiedenen Subjekten der Äußerung, sondern ein kollektives Gefüge, das in seiner Konsequenz die jeweiligen Prozesse der Subjektivierung, die Zuweisungen von Individualität und ihre wechselnde Verteilung in der Rede oder im Diskurs determiniert. [...] Die indirekte Rede ist die Präsenz einer Aussage, die in einer berichteten Aussage berichtet wird, die Präsenz des Befehls oder des Kennworts im Wort. Die ganze Sprache ist eine indirekte Rede, ein indirekter Diskurs. (Deleuze und Guattari 1992, 112–118)

Die Konfiguration der freien indirekten Rede als sprachliche Abstraktion einer kollektiven Subjektivität, die sich dadurch determiniert, findet eine adäquate Darstellungsform in ihrem eigenen Stottern, d. h. in einem „Stottern der Sprache" (Deleuze 2015 [1993], 145), das eine ‚minorisierende' Wirkung im Rahmen der Literatur aufweist. Das ist genau das Ziel, das Röggla sich mit ihrem Schreiben setzt. Hinweise darauf finden sich an diversen Stellen in ihrer Poetologie (vgl. u. a. Röggla 2019a), in denen sie explizit das Stottern als literarische Strategie definiert, um die sozialen Strukturen „präsent – und: ungeschminkt!" (Röggla 2006, 99) darzustellen.

Von den Denkbildern, die Deleuze und Guattari verwenden, um die Charakteristika der indirekten Rede zu schildern, soll schließlich das des „kollektiven Gefüges" in Bezug auf Rögglas Ästhetik nicht unerwähnt bleiben. Damit bezeichnen die Philosophen die systematische Reziprozität, die eine Sprache in einem sozial-normierten System formt. Obwohl Röggla diese Denkfigur nicht wortwörtlich übernimmt, könnte sie als prägnante Definition für die Charakterisierung ihrer Sprechfiguren angewandt werden. Wie die folgende Analyse zeigen wird, stellt die Autorin gerade durch die indirekte Rede ein Kollektiv von Stimmen dar, die sich nur anscheinend unterscheiden, da sie tatsächlich alle im selben Schema denken und sprechen, also handeln.

Diese Kommunikationsdynamik verstärkt sich im aktuellen hypermedialisierten Kontext, in dem die Medien einen massiven Einfluss auf die Ausprägung der diskursiven kollektiven Gefüge haben. Dieser Aspekt konstituiert ein großes Segment der poetologischen Betrachtungen von Kathrin Röggla, die ihr besonderes Lexikon anhand der Studien von Guy Debord gestaltet. Die Autorin widmet ihm den Essay *Gespensterarbeit und Weltmarktfiktion* (2013c), in dem sie die Vermarktungsdynamiken der Katastrophengattung analysiert. Die „Weltmarkfiktion" lässt sich als Evolution des Debord'schen „Spektakels" lesen, d. h. als die tiefste Durchdringung von Selbstinszenierungsstrategien im Alltag, infolge derer „[i]n der wirklich verkehrten Welt das Wahre ein Moment des Falschen ist" (Debord 2006, 13). In der zeitgenössischen „Ausgangslage" (Röggla 2016a) kann also die Realität von der Fiktion nicht mehr unterschieden werden. Daher richtet die Schriftstellerin ihre Aufmerksamkeit auf die „sprachlichen Verhältnisse" (Röggla 2013c, 320), welche die unterschiedlichen Genres der Gegenwart zum Ausdruck bringen, d. h. der Gespensterfilm, der Fernsehkrimi und das Shakespeare-Remake, um anhand von Debords Ansatz durch eine „Trennung" (Röggla 2013c, 232) ihre Kritik zu üben. Durch „Trennung[en]" operiert das kompositorische Prinzip des Werks von Kathrin Röggla. Es gründet sich auf einer programmatischen Umkehrung von Diskursen und Chronologie, die in dieser Studie als „rückwärts-Prinzip" definiert wird.

Im Hinblick darauf nimmt der immanente performative Charakter der Sprache eine höchst relevante Rolle in Rögglas Schreibverfahren ein, indem ihr „Sichabarbeiten an der Realität" (Röggla 2020a, 232) gerade auf der transformativen Macht der Sprachausübung gründet, die durch die ästhetische Dekonstruktion des Diskurses versucht, die neoliberale Ideologie zu subvertieren. Insofern scheint es besonders passend, das Schreiben von Kathrin Röggla als literarische Performanz zu betrachten.

Unter „Performanz" versteht man „das *ernsthafte Ausführen* von Sprechakten, das *inszenierende Aufführen* von theatralen oder rituellen Handlungen, das *materiale Verkörpern* von Botschaften im ‚Akt des Schreibens' [...] [und] die *Konstitution von Imaginationen* im ‚Akt des Lesens'" (Wirth 2002, 9). All diese Aspekte spielen in Rögglas Arbeit eine direkte Rolle. Abgesehen von der Frage der Rezeption, die sich daraus ergibt, dass jedes literarische Werk bei seinen Leser:innen eine Vorstellung hervorruft, illustriert die Mehrdeutigkeit des Performanzbegriffes markant die zwei Phasen ihrer Schreibpraxis, und zwar das Dokumentarische und das Inszenatorische. Während mit dem „Dokumentarischem" das Sammeln von mündlichen bzw. „ernsthaften" Beweisen und Interviews gemeint ist, referiert das „Inszenatorische" auf die Prozesse dramaturgischer und formaler Abstraktion der Wirklichkeit. Insofern ermöglicht die Annahme der performativen Forschungsperspektive eine genauere Vorstellung des Inszenatorischen. Kurz: Die von der Autorin verwendeten Stilmittel werden dadurch mit den ausgewählten Szenarien gezielt in Beziehung gesetzt, um letztendlich die Form ihres Realismus zu befragen.

Darüber hinaus bezieht die Darstellung des Verhältnisses von Sprache und Gesellschaft die performative Sphäre auch in soziokultureller Hinsicht mit ein, denn die soziale Organisation, in der die gegenwärtigen Prozesse der passiven Assimulation an die herrschende Ideologie stattfinden, fällt mit dem Begriff der „Kultur der Inszenierung" zusammen (Fichter-Lichte 2002, 291).

Bereits zu Beginn des jüngsten Digitalisierungsprozesses unterstreicht Fischer-Lichte, inwiefern „Theater" als kultureller Begriff wahrgenommen werden soll:

> In allen gesellschaftlichen Bereichen wetteifern einzelne und gesellschaftliche Gruppen in der Kunst, sich selbst und ihre Lebenswelt wirkungsvoll in Szene zu setzen. Stadtplanung, Architektur und Design inszenieren unsere Umwelt als kulissenartige ‚Environments', in denen mit wechselnden ‚Outfits' kostümierte Individuen und Gruppen sich selbst und ihren eigenen ‚Lifestyle' mit Effekt zur Schau stellen. [...] Man konsumiert nicht nur, sondern stellt den Konsum zugleich aus und dar. (Fischer-Lichte 2002, 291)

Die Selbstinszenierung ist also nicht nur eine unbewusste Tendenz des Individuums geworden, sondern auch die wichtigste Interaktionsform in einer Gesellschaft, die das Reale „prinzipiell als theatrale Wirklichkeit" konzipiert (Fischer-Lichte 2002, 292) und somit ständig ihr eigenes Bild verkauft. Die Kategorie der Inszenierung kann als ästhetischer Prozess von „Auswahl und Kombination" verschiedener Elemente angesehen werden, der eine „ästhetisierte Wirklichkeit" schafft (Fischer-Lichte 2007, 16–20; vgl. auch Craig 1969, 101). Um zu einer fokussierten Definition zu kommen, muss auf die Erweiterung des Theatralitätsbegriffs Bezug genommen werden, der in dieser Kulisse zunächst als „Wahrnehmungsmodus" (Burns 1972) bezeichnet wurde. Fischer-Lichte spricht dementsprechend von einer „Zeichenverwendung", die „menschliche Körper und die Objekte ihrer Umwelt nach den Prinzipien der Mobilität und Polyfunktionalität in theatrale Zeichen verwandelt" (2007, 19). Die Theatralität ist also ein Aspekt der Inszenierung, der aus Wahrnehmung, Bewegung und Sprache besteht.

An dieser Stelle ist es wichtig zu betonen, dass sich sowohl innerhalb als auch außerhalb von wissenschaftlichen Debatten die Polarität zwischen Authentizität und Inszenierung auflöst. Die sozialen Inszenierungsdynamiken verstärken sich durch die zunehmende Relevanz der sozialen Medien und regulieren somit die zeitgenössischen Kulturformen mittels eines Wahrnehmungsparadoxons, das mittlerweile auch zentral für Rögglas Poetik ist, denn „[e]s handelt sich dabei [...] um einen Schein, eine Simulation, ein Simulakrum, die allein fähig sind, Sein, Wahrheit, Authentizität zur Erscheinung zu bringen" (Fischer-Lichte 2007, 23). Deshalb kann die Beobachtung und kritische Darstellung des Diskurses – als sprachliche Manifestation solcher Inszenierungsdynamiken – eine subversive Macht auf diese wirtschaftsorientieren Ästhetisierungsprozesse der Alltagserfahrung ausüben.

Fischer-Lichtes (u. a. 2002; 2007) Schilderung des Inszenierungsbegriffes trifft die dokumentarische Haltung und ihre ästhetische Bearbeitung in der Poetik von

Kathrin Röggla genau. Da die Inszenierungspraktiken des Diskurses auch im Werk der Autorin diese Doppelrolle spielen, werden sie auch in den folgenden Analysen aus einer doppelten Perspektive betrachtet: Die Inszenierung des Alltags als die dem Ausnahmezustand zugrundeliegende Kulturdynamik ist einerseits Forschungsgegenstand Rögglas; andererseits ist sie auch ihr bevorzugter Kanal, um einen solchen *status quo* zu unterlaufen.

Vor diesem Hintergrund soll die stilistische Komponente von Rögglas Schreiben fokussiert werden, d. h., dass die fortschreitende Verfeinerung der Erzähltechniken, durch die die Duplizität ihrer Poetik zum Vorschein kommt, eingehender betrachtet wird. Zu diesem Zweck erweist sich das Prisma des Performativen als ein gewinnbringendes Instrument, um die facettenreichen Dimensionen, in denen sich diese „sehr spezielle Form von Kritik" (Röggla 2013a, 320) entfaltet, an mehreren Fronten zu untersuchen. In Anlehnung an Neumanns Plädoyer für die Erweiterung der Theatralitätskategorie in der Literaturwissenschaft (2000, 12–13) konzentriert sich diese Studie also auf Rögglas „Szeno-Graphien" der Gegenwart.

Ausgehend von Barthes Wahrnehmung dieses Konzeptes als „noch fruchtbar [e Metapher]" (2002, 185) betont Neumann seine etymologische Bedeutung, indem es sich „mit dem Wortfeld der Schrift [...] [verknüpft] und zugleich den Gestus einer ‚In-Szene-Setzung' in sich enthält" (2000, 11). Im Einklang mit der Verbreitung der Performance Studies außerhalb des bloßen Theaterbereichs und innerhalb der Cultural Studies, suggeriert Neumann eine Überwindung des Mimesis-Begriffes auch im Rahmen der Literaturwissenschaft, da

> die ‚Szene' [...] sich aus dem äußeren Handlungsraum der Bühne in den inneren der Sprache [verlagert]. [...] Sprache, so könnte die leitende These lauten, hat ihre eigentliche Szene in sich selbst. Das theatrale Muster wird – um im Sinne Roland Barthes einen aus der Antike bezogenen Begriff neu zu modellieren – als ‚Szeno-Graphie' verstehbar: und zwar, indem sie Sprachproduktion selbst als Zeichentheater installiert. Sprache wird also, [...], nicht erst auf Schaubühnen ‚theatral', sondern ist, als sie selbst, immer schon theatrales Geschehen – eine inszenatorische Praxis der Herstellung von sozialem Sinn, an der die fiktiven Rollenspiele der Literatur ebenso teilhaben wie die Rituale und Institutionen des öffentlichen Lebens, als die in jeder Gesellschaft konsolidierend wirksamen Zeremonien. (Neumann 2000, 13–14).

In Neumanns Ansatz spiegeln sich sowohl die programmatische Duplizität der Poetik Rögglas als auch ihr politischer Wert unmittelbar wider, da die Autorin durch die Re-Inszenierung der Wirklichkeit, d. h. durch eine leicht variierte Reproduktion von realen Gesprächen, Stimmen und Geschichten, versucht, den von Neumann angesprochenen „sozialen Sinn" umzustellen. Ihre Texte gelten somit als „‚Bühne' sprachlicher Performanz", die eine neue „‚Instanz der Szene' im Feld der Kultur" (Neumann 2000, 15) bilden möchten. Mit Verweis auf die hier durchgeführte Analyse lässt sich festhalten, dass in Rögglas Werk die dargestellte Sprache die aktuellste Szene *schreibt* und somit die Szenen-Instanz „im Denken der

Sprache" (Wildgruber 2000) auf einer kritischen soziopolitischen Perspektive darlegt.

Um diese Eigenschaft von Rögglas Schreiben zu analysieren, wurde deshalb das Korpus auf ihre Prosawerke aus dem Zeitraum 1995–2016 beschränkt. Dabei wurde *tokio, rückwärtstagebuch* (2009) nicht berücksichtigt, da das Werk zusammen mit dem Illustrator Oliver Grajewski konzipiert wurde und somit eine Ko-Autorschaft vorliegt. Die Theaterstücke und die Hörspiele wurden aus dem Korpus ausgeschlossen, weil es sich um Ausdrucksformen handelt, die eine Aufführung voraussetzen, d. h. neben der Sprache auch andere Gestaltungsmittel wie Licht, Klang und möglicherweise auch Körper zum Einsatz kommen. Der Schwerpunkt liegt also explizit auf der Sprache, und zwar auf der zunehmenden Verfeinerung der ästhetischen Mittel, welche der Poetik der Autorin eine szeno-graphische Valenz verleihen: Montage, indirekte Rede, Erzählinstanz.

1.4 Ästhetische Dispositive des szeno-graphischen Realismus: Montage, Konjunktiv, Erzählinstanz

Rögglas Montagetechnik basiert auf blitzartigen bis hin zu alogischen Gegenüberstellungen von textuellen Leitmotiv-Partituren, die zeit-räumliche und semantische Kurzschlüsse schaffen. Diese Inversionsmechanismen verleihen ihrem Schreiben eine starke filmische Komponente. Dem Titel der ersten Erzählsammlung folgend, wurde diese Montagetechnik als das „rückwärts-Prinzip" (Coppola 2020a) definiert.

Unter ‚rückwärts-Prinzip' ist eine Denk- und Kompositionsart zu verstehen, die sich direkt gegen die dominante Ideologie des ‚Vorwärts' in der neoliberalen Gesellschaft richtet, um eine kritische Wahrnehmung des Realen zu erzielen. Die rückwärtsgewandte Darstellung erlaubt eine Koexistenz simultaner Zeitdimensionen – der Gegenwart und deren externer Beobachtung –, wo das gerade Vergangene mit Abstand betrachtet werden kann. Es handelt sich dann um eine ‚Meta-Darstellung' der Wirklichkeit in Echtzeit, indem das Hier und Jetzt und die verschobene Zeit der Inszenierung gleichzeitig miteinander verwoben werden. Dieses gestaltet sich in den Werken immer anders und demzufolge wird eine solche Definition im Rahmen der einzelnen Textanalysen pointiert hinterfragt.

Die Arbeit am ‚rückwärts' fällt dann mit dem Erzählformat des Protokolls zusammen, das Röggla vor allem in ihren jüngsten Arbeiten aufgreift. Das Protokoll ist eine institutionelle Textsorte, die die Mündlichkeit verschriftet. Diese Operation findet nicht in Echtzeit statt, sondern verlangt eine rückwärts-orientierte Aufzeichnung derjenigen Ereignisse und Worte, die zu protokollieren sind. Daher weist das Protokoll einen manipulativen Charakter auf, denn „[e]inerseits kann es Wahrheit beanspruchen [...]. Andererseits wird ein Gültigkeitsanspruch ableitbar aus der Fiktion einer vollständigen, selektionslosen oder zumindest vorurteilsfreien Abbildung" (Niehaus und Schmidt-Hannisa, 2005, 10). Die Liminalität des Protokolls zwischen Fakt und Fiktion macht es zum adäquaten Erzählformat für Rögglas Poetik des Zwischen. Deshalb lässt es sich als Zielpunkt von Rögglas Experimentieren an textuellen Formaten im betrachteten Zeitraum identifizieren.

Darüber hinaus gehört diese Eigenschaft der Liminalität insbesondere zum zentralen Stilmerkmal in Rögglas Schreiben: der indirekten Rede. Es wurde bereits darauf hingewiesen, dass die Re-Inszenierung der diskursiven Strukturen der neoliberalen Mentalität in einer Form stattfindet, welche die sprachliche Passivität des zeitgenössischen Individuums unterstreicht, nämlich durch die Verwendung des Konjunktivs I. Genauso wie das rückwärtsgerichtete Erzählen und das Protokoll ruft der Konjunktiv I eine verschobene Zeitlichkeit hervor, die eine Distanz zwischen dem Subjekt der Äußerung und der Äußerung selbst herstellt. Wie Jäger feststellt, „dient [der Konjunktiv I] dazu, deutlich zu machen, daß ein Geschehen nicht in unmittelbarer zeitlicher Relation zur Sprechgegenwart des Autor (A) steht, sondern in Beziehung zu einer vergangenen oder zukünftigen ‚Gegenwart'" (Jäger 1970, 276). In diese zeiträumliche Kluft fügt Röggla die programmatische Ambivalenz ihrer literarischen Sprache ein und gestaltet somit ihren gesellschaftskritischen Ansatz zum neoliberalen Diskurs. Es muss dementsprechend nachdrücklich bemerkt werden, dass die Autorin innerhalb der grammatikalischen Ordnung bewusst agiert, ohne die Grammatik selbst zu sabotieren. Mit anderen Worten: Sowohl auf der erzählerischen Ebene als auch – und vor allem – auf der sprachlichen verwendet Röggla die Strukturen der Sprache, um den alltäglichen Sprachgebrauch infrage zu stellen. Daher können allen der bisher geschilderten Schreibtechniken die Charakteristika zugeschrieben werden, die Jäger in Bezug auf den Konjunktiv I beschreibt: „Der Konjunktiv betrifft [...] nicht die objektiven Fakten" (Jäger 1970, 281), weil seine Modulation „Verfälschungen und Verdrehungen" (Jäger 1970, 276) von Bedeutungen, insbesondere in der medialen Vermittlung des politischen Diskurses, ermögliche.

Diese sprachliche Konfiguration betrifft auch die von Röggla dargestellten Figuren, welche sich als Sprachprojektionen bzw. als „Talking Heads" (Krauthausen 2006, 135) charakterisieren lassen: Sie stellen Kommunikationsdynamiken in einer zunehmend abstrakten Art dar und sind insofern als „Sprechgattungen" (Bachtin 2017) anzusehen. Unter „Sprechgattungen" versteht Bachtin „Äußerungstypen" (2017, 7), die in ihrem Zusammenhang den Sprachgebrauch konstituieren. Seien sie primär oder sekundär, beziehen sich die Sprechgattungen immer auf das Milieu, in dem sie entstanden sind, und führen somit den „Sprechwille[n] eines Sprechers" aus (Bachtin 2017, 31). Dieser Wille hat jedoch keine starke Schöpfungsmacht und passt sich den sozial-geformten Gattungen automatisch an:

> Des Weiteren wird die Sprechabsicht des Sprechers in all ihrer Individualität und Subjektivität auf die ausgewählte Gattung angewendet und an sie angepasst, sie fügt sich in eine bestimmte Gattungsform und entwickelt sich in deren Rahmen. Entsprechende Gattungen existieren v. a. in den äußerst vielfältigen Bereichen der mündlichen Alltagskommunikation bis hin zu den Formen vertrauten und intimen Umgangs. Wir sprechen stets in bestimmten Sprechgattungen, d. h. all unsere Äußerungen weisen bestimmte, relativ beständige typische *Formen des Aufbaus des Ganzen* auf. [...] Selbst wo wir ganz frei und ungezwungen plaudern, gießen wir unsere Rede in bestimmte Gattungsformen, welche bisweilen klischee- und schablonenhaft, dann wieder eher elastisch, plastisch und schöpferisch sind (auch die Alltagskommunikation verfügt über schöpferische Gattungen). (Bachtin 2017, 31)

Im Zentrum des Werks von Kathrin Röggla befinden sich die Sprechgattungen des Alltags, die die Gestalt von sprechenden Stimmen annehmen. Sie besitzen also keinen schöpferischen Charakter, da sie die künstlerischen Reproduktionen von Kommunikationsdynamiken sind. Demzufolge umfasst Kathrin Rögglas Dekonstruktion des *Genres* alle Bereiche des formalen Experimentierens. Die Autorin reflektiert nicht nur über den narrativen Rahmen, durch den die Realität wahrgenommen wird, sondern bezieht auch die stilistischen Merkmale der Sprache und der Grammatik selbst mit ein, um die Sprache als Prozess der sozialen Konstruktion zu hinterfragen.

Ein weiteres Analysekriterium liegt in der progressiven Gestaltung der Ich-Instanz in Rögglas Prosatexten. Dieser Aspekt besitzt besondere Relevanz im Rahmen der Realismus-Diskussion, denn die Darstellung einer auktorialen Figur verdeutlicht die Natur der Erzählung als solche und markiert in gewisser Weise explizit die Manipulationsarbeit an den mündlichen Zeugnissen.

Rögglas-Frühwerk hat ein fiktionales Ich im Zentrum, das noch in die Erzählungsdynamiken einbezogen ist. Trotzdem kann man darin schon die Gestaltung von „Schlusswortprototypen" identifizieren, in denen dieses erzählerische Ich eine Art von Fazit der Romane zieht. In den zentralen Prosawerken, d. h. in *really ground zero* (2001) und *wir schlafen nicht* (2004) ist die Ich-Instanz als extern charakterisiert. Ihre Einschübe im Text dienen zur Verdeutlichung der Arbeit am dokumentarischen Material. In dieser Kulisse findet man explizite Schlussworte, welche diese „wacklige Stelle" des Ichs aufbauen (Röggla 2013b, 30). Es ist Röggla selbst, die das Ich als „wacklig" bezeichnet und zwar als eine bewegliche Textfunktion, die den Blick auf die Realität programmatisch erneuert (vgl. Kormann 2017). Zu beachten ist auch, dass auf der diegetischen Ebene die definierte Subjektivität des „Ichs" sich im Gegensatz zu den in den Texten dargestellten Diskursfiguren befindet, was ihre Position als die einzige kritische Perspektive hervorhebt. In den jüngsten Werken wird das Ich in der Narration aufgrund der Sprachexperimente mit den verbalen Modi reintegriert. Dieser Wechsel fällt mit der Verbreitung des Gespenst-Motivs und der stärkeren Teilnahme von Kathrin Röggla am institutionellen Kulturbereich zusammen.

Die hier erwähnten Analysekriterien (Montage, indirekte Rede und Ich-Instanz) prägen die Form des realistischen Schreibens von Kathrin Röggla, das hier als szeno-graphisches bezeichnet wurde. Diese Definition soll zunächst den Kontext betonen, in dem Röggla agiert, und zwar der einer globalen, medialisierten „Kultur der Inszenierung" (Fischer-Lichte 2002). In diesem Zusammenhang findet eine experimentelle Operation am Diskurs statt, der programmatisch durch eine sprachliche Geste umgedeutet wird, die darauf abzielt, seine inneren Konflikte zu verschärfen und dadurch seine Diskontinuitäten zu zeigen. Das Werk von Kathrin Röggla besteht also aus dystopischen Porträts zeitgenössischer Szenarien, die aus einem multidirektionalen Schreibprozess hervorgehen: Einerseits nimmt die Autorin signifikante Einblicke in die Krise der Gegenwart vor und stürzt sie performativ um; andererseits unterstreicht sie die Performanz ihrer Ästhetik, indem sie auch die schriftstellerische Arbeit der Re-Inszenierung von dokumentarischem Material in Szene setzt. Diese doppelte Operation an der Sprache wird durch den zunehmend strukturierten Einsatz der charakteristischen Mittel ihres Stils in Gang gesetzt.

Die folgenden Analysen sollen zeigen, inwiefern der zuvor angesprochene innere Dialogismus der Sprache bzw. das programmatische ‚Zwischen' sich in den Schreibverfahren Rögglas niederschlägt. Dem hier nachgezeichneten Entwicklungspfad folgend, darf vermutet werden, dass die Darstellung des Dialogischen innerhalb des Sprachsystems die soweit letzte Station der literarischen Sprache von Kathrin Röggla ist. Im Frühwerk geht es um die Re-Inszenierung von Dialogen, die einem realen Diktat entnommen wurden. In *really ground zero* und *wir schlafen nicht* ist die Wiedergabe von Gesprächen zwischen ‚Funktionen' zu sehen, und letztendlich zeigen der radikale Konjunktiv in *die alarmbereiten* (2010) und der in *Nachtsendung. Unheimliche Geschichten* hervorgehobene Wechsel zwischen Indikativ und Konjunktiv II, dass Rögglas Arbeit an den Strukturen der Sprache eine zunehmend konzeptuelle Tonart annimmt. Aufgrund der Globalisierungs- und Mediatisierungsprozesse des Alltags spiegelt die progressive Konzeptualisierung und Abstraktion der Sprache die fortschreitende Entmaterialisierung der Welt wider, die sie zum Ausdruck bringt. Diese Korrespondenz zwischen Sprache und zeiträumlichen Kulissen realisiert sich durch das Schreiben von Szenen, und zwar durch die Verwandlung der Dokumentation in ein theatrales Zeichen, das jedoch einen starken Bezug zur Wirklichkeit besitzt.

1.5 Aufbau der Arbeit

Im Hinblick auf die hier vorgestellten Überlegungen wurde die vorliegende Arbeit in einer Art und Weise gegliedert, die der analytischen Herangehensweise an das Prosawerk von Kathrin Röggla entspricht. Ein Vorschlag für die Periodisierung von Rögglas Werk, der anhand der Entwicklung ihrer konstitutiven Stilmittel formuliert wurde, bildet den Anfang. Dieser erste Teil enthält eine vorläufige Bilanz, in der es darum geht, inwiefern die künstlerische Laufbahn von Kathrin Röggla eine progressive und konzeptuelle Abstraktion zeigt, die als Phänomenologie der Entmaterialisierung betrachtet werden kann.

Der zweite Teil fokussiert sich auf die Rekonstruktion der ästhetischen Genealogie von Kathrin Röggla im Rahmen der deutschsprachigen Literaturtradition. Bei der Auswahl von repräsentativen Autor:innen und Poetiken wurden sowohl die zahlreichen Hinweise, die die Autorin selbst in ihren Essays gibt, als auch die impliziten Verweise, die in den analysierten Texten verstreut sind, verfolgt. Darauf aufbauend wurde der Einfluss von Elfriede Jelinek, Ernst Jandl, Hubert Fichte und Alexander Kluge auf Kathrin Rögglas Poetik eingehend untersucht. Jede:r diese:r Schriftsteller:innen wurde mit einem repräsentativen Merkmal des Schreibens der Autorin in Verbindung gebracht: „das sprechen" (Röggla 2011) von Elfriede Jelinek, der Konjunktiv von Ernst Jandl, das literarische Interview von Hubert Fichte und der antagonistische Realismus von Alexander Kluge. Bereits darin kann die Zentralität der künstlerischen Bearbeitung des Diskurses in der Poetik von Kathrin Röggla erkannt werden: Die österreichischen Sprachskeptiker:innen inspirieren ihre Schreibform, die jedoch durch die von Hubert Fichte übernommene Forschungspraxis modelliert wird. Das Treiben zur Abstraktion als Dekonstruktion der sozialen Ordnung ruft dann die rhizomatische Figur Alexander Kluges unmittelbar hervor.

Bei der Analyse wurde der Schwerpunkt insbesondere auf die intertextuellen Bezüge gelegt, die noch nicht intensiv erforscht worden sind, und zwar die zu Ernst Jandl und Hubert Fichte. Trotz der diesbezüglichen Betonungen Rögglas hat die Sekundärliteratur sich eher auf Bezüge zu Jelinek konzentriert (vgl. u. a. Kormann 2006; Gröbel, 2011; Szczepaniak 2013; Vilar 2013). Die Einflüsse von Ernst Jandl und Hubert Fichte, die auf der textuellen Ebene sogar stärker sind, wurden bislang weitestgehend ausgelassen. Die einzigen Hinweise auf die wichtige Rolle, die Hubert Fichte für Rögglas Werk spielt, findet man nur in den Studien von Krauthausen (2006, 2022). Darauf aufbauend sollen hier insbesondere diese Relationen untersucht werden, die für die ästhetische Entwicklung von Kathrin Röggla einen Wendepunkt darstellen. Was die Beziehungen zu Alexander Kluges und Elfriede Jelineks Ästhetik betrifft, wird man eine Perspektivierung der bestehenden Studien finden.

Der dritte Teil beschäftigt sich mit der qualitativen Analyse des Prosawerks von Kathrin Röggla. Angesichts der Forschungslücke zu ihrem Frühwerk wurde den ersten drei Prosastücken besondere Aufmerksamkeit geschenkt, nämlich *niemand lacht rückwärts* (1995), *Abrauschen* (1997) und *Irres Wetter* (2000). Dadurch sollen die Ursprünge des ‚Röggla-Stils' aus dem diskontinuierlichen Gewebe von textuellen Verfahren und wiederkehrenden Motiven identifiziert werden, um sie anschließend mithilfe des Szeno-Graphie-Begriffes zu analysieren. Obwohl diese Werke einer Formfindungsphase zugeschrieben werden können, ist der Drang nach symbolischer Abstraktion symptomatischer Alltagskontexte bereits deutlich erkennbar, insofern als die unsystematischen Erzählmechanismen, welche Röggla in Gang setzt, eine dystopische Umweltchronik der Jahrhundertwende reinszenieren.

Vor dieser Spannung des literarischen Schreibens wurden die beiden folgenden Werke von Kathrin Röggla gelesen: *really ground zero: 11 september und folgendes* (2001) und *wir schlafen nicht* (2004). Sie zeigen eine dezidierte Verfeinerung des Stils, die, wie oben erwähnt, von der kritischen Debatte sofort registriert wurde. Die ästhetischen Verfahren, die sich in ihrem Frühwerk als unscharfe Darstellungsformen präsentieren, werden von Kathrin Röggla einer strengen Systematisierung unterzogen, die somit das Gebiet des Ausnahmezustands zu ihrem Forschungsfeld erklärt. Die vorliegende kritische Lektüre hinterfragt die hier behandelten Stilmittel in Bezug auf die dargestellten Szenarien, nämlich das von den Anschlägen verwüstete New York und die Arbeitswelt der New Economy, um pointiert diesen Stand von Rögglas szeno-graphischem Realismus zu rekonstruieren.

Die letzten analysierten Kurzgeschichtensammlungen, *die alarmbereiten* (2010) und *Nachtsendung. Unheimliche Geschichten* (2016), markieren für Kathrin Röggla den Eintritt in eine neue ästhetische Phase. Beide Werke weisen verschiedenartige stilistische Veränderungen auf, welche die kontinuierliche Sprachreflexion der Autorin erkennen lassen. Im Gegensatz zu den vorangegangenen Phasen besitzen diese Werke keine stilistischen Kontinuitätspunkte untereinander. Obwohl beide Sammlungen Rögglas Rückkehr zur Kurzgeschichte zeigen, unterscheiden sie sich im Stil erheblich. In *die alarmbereiten* kann man die experimentellste Variante von Kathrin Rögglas Schreiben beobachten. Die Sammlung zeigt ein hohes Maß an Konzeptualisierung des Schreibens, vor allem im Bereich des Verbengebrauchs: Die Verwendung des Konjunktivs I wird radikal. *Nachtsendung. Unheimliche Geschichte* stellt hingegen eine bewusst normative Bewegung des Schreibens Rögglas dar, die durch die Wiederherstellung der Großbuchstaben und die Entscheidung, die Erzählung hauptsächlich im Indikativ zu halten, gekennzeichnet ist. Diese Aspekte deuten auf die Vervollkommnung der bis zu diesem Zeitpunkt beobachteten Experimente hin und signalisieren den Beginn einer neuen ästhetischen Phase in Kathrin Rögglas Poetik. Daher konzentriert sich die Analyse lediglich auf diejenigen Elemente, die diesen entscheidenden Wandel am deutlichsten zum Vorschein bringen.

2 Kathrin Rögglas Prosawerk als literarische Phänomenologie der Entmaterialisierung: Ein Periodisierungsvorschlag

Die Ästhetik Kathrin Rögglas basiert seit ihrem Karrierebeginn auf der Sammlung von durch Feldforschung geführten Interviews, die den dokumentarischen Stoff ihres Werks bilden. Dieser wird programmatisch überarbeitet und gleichzeitig an verschiedene literarische Gattungen und Medienformate wie Prosa, Theater und Radio angepasst, um basierend auf der zeitgenössischen Gesellschaft sprachkritische Schnittstellen herzustellen. Aufgrund einer solchen programmatischen Transmedialität schafft es Röggla nicht nur, sich mit den drängendsten Fragen der Gegenwart auseinanderzusetzen, sondern auch die Aussagekraft verschiedener Genres und Formate zu erforschen. Die Ausarbeitung von Rögglas Forschungspraxis ist insofern dual, als dass das ästhetische Experimentieren als eine künstlerische Praxis des politischen Engagements gilt, die den herrschenden hegemonialen Diskurs dekonstruieren will.

Im Folgenden wird eine vierstufige Periodisierung des medienübergreifenden Werkes von Kathrin Röggla vorgeschlagen, die sich stärker auf das Prosawerk konzentriert, da dies der Bereich ist, der später stärker in Betracht gezogen wird. Die Radio- und Theaterarbeiten werden nur kursorisch berücksichtigt, um das progressive Entstehen der Poetik Rögglas in einen breiteren Zusammenhang zu stellen. Die folgende Gliederung wurde anhand der Kriterien durchgeführt, die den Kern der quantitativen Analysen bilden, nämlich die Entwicklung der Ausdrucksmittel, die den Röggla-Stil charakterisieren: die indirekte Rede, die Montage und die Modulation der Ich-Instanz. Durch die Schilderung der progressiven Stufen dieser Forschungspraxis lässt sich postulieren, dass Rögglas Prosawerk als literarische Phänomenologie der Entmaterialisierung begriffen werden soll.

2.1 An der Schwelle des Körpers: *niemand lacht rückwärts* (1995), *Abrauschen* (1997), *Irres Wetter* (2000)

Rögglas künstlerische Laufbahn beginnt auf dem Feld der Prosa: 1995 veröffentlicht sie die Erzählsammlung *niemand lacht rückwärts*, in der ihr kritischer Blick auf die Globalisierungsprozesse durch die dystopische Überschneidung diverser sprachlicher Töne übertragen wird. 1998 arbeitet sie mit dem 1996 in Berlin gegründeten

Kollektiv *convextv* zusammen,¹ das darauf abzielte, die Zusammenarbeit zwischen verschiedenen Disziplinen zu fördern und Personen aus unterschiedlichen Bereichen (Architekt:innen, Journalist:innen, Psycholog:innen usw.) durch das Medium Radio zusammenzubringen. In diesem Kontext präsentiert die Schriftstellerin ihren zweiten Roman *Abrauschen* (1997),² der sich in einem imaginären Sprachraum zwischen Salzburg und Berlin abspielt. Die enge Beziehung zum Medium Radio beschränkt sich jedoch nicht auf die Erfahrung von *convextv*. Ende der 90er Jahre verfasst Röggla mit der Unterstützung des Bayerischen Rundfunks die Hörspiele *HOCHDRUCK/dreharbeiten* (1999)³ und *ein riesen abgang* (2000) für die Reihe „soundstories/materialmeeting". Die erste Zäsur in ihrem künstlerischen Schaffen stellt die Prosa-Sammlung *Irres Wetter* (2000) dar, die sich um dasselbe Material wie die Hörspiele *HOCHDRUCK/dreharbeiten* (1999) und *selbstläufer* (2000) sowie das Theaterstück *nach mitte* (1999) dreht, was die transversale Haltung des Röggla'schen Dokumentarismus bereits in den ersten Stunden ihrer Karriere beweist.

Diese erste Phase zeigt die progressive Annäherung der Schriftstellerin an die literarische Reportage, weil *niemand lacht rückwärts*, *Abrauschen* und *Irres Wetter* als soziokulturelles Fresko konzipiert wurden. Im Fokus der gesellschaftskritischen Beobachtung Rögglas steht also die steigende Verbreitung der neoliberalen Ideologie in elementaren Bereichen des Alltags, oft pointiert formuliert durch die sprachliche Re-inszenierung aktueller Fragen des Mittelstandes in Form von Interviews. Die Wiedergabe der Mündlichkeit wird noch nicht durch die indirekte Rede vermittelt, sondern durch das Einfügen direkter Zitate in den Erzählfluss erzeugt. Deshalb ist die Montage das produktivste Schreibverfahren in Rögglas Frühwerk, in dem die Autorin unterschiedliche Materialien und Zeitlichkeiten nebeneinanderstellt, um ein Negativbild der jungen und ‚prekarisierten' Generation aufzunehmen.

Auf diese Weise sind die sprachlich-ethnologischen Forschungsstrategien gestaltet, die das ganze Frühwerk Rögglas charakterisieren. Die Autorin beobachtet dadurch zwei konstitutive Felder des spätkapitalistischen Szenariums detailliert: Einerseits untersucht sie die individuellen Folgen von Selbstoptimierungsprozessen in der Arbeitswelt, andererseits rekonstruiert sie die progressive Durchsetzung der Globalisierung in der städtischen Umwelt. Im Zentrum aller dieser Werke steht die Stadt Berlin, die von typisierten Sprechinstanzen bewohnt wird. Die dokumentarische Wende, die Röggla mit *Irres Wetter* erreicht, markiert auch

---

1 Weitere Informationen finden Sie auf der Website von convextv., die ein Dokumentationsarchiv des Projektes bietet. http://www.art-bag.org/convextv/archiv/archiv.htm [12.03.2024].
2 Das Interview vom 4. Januar 1998 ist unter folgendem Link verfügbar: http://www.art-bag.org/convextv/archiv/archiv.htm [12.03.2024].
3 http://www.art-bag.org/convextv/player_hochdruck.html [12.03.2024].

eine Verwandlung ihrer Motivik, so wird die Figur des „strohmann[s]" (Röggla 1995, 44–47) am Ende des Jahrtausends zum „sendermann" (Röggla 2000, 156–157) und damit zum lebenden Kommunikationskanal (vgl. Coppola 2022a).

2.2 Übergang in die neue Welt: *really ground zero* (2001), *wir schlafen nicht* (2004)

Die fortschreitende Systematisierung des Röggla-Stils findet ihren Höhepunkt in *really ground zero: 11 september und folgendes* (2001) und *wir schlafen nicht* (2004), mit denen die Autorin in der internationalen Szene Anerkennung findet. Der Einstieg in diese neue Phase ist nicht nur durch die Bühnen- und Radioadaption von *wir schlafen nicht* und die Veröffentlichung von *tokio, rückwärtstagebuch* (2009) in Zusammenarbeit mit dem Illustrator Oliver Grajewski gekennzeichnet, sondern vor allem durch eine dichte Produktion von Theaterstücken und Essays, nämlich *junk space* (2004), *draußen tobt die dunkelziffer* (2005), *worst case* (2008) und *die beteiligten* (2009).

In dieser zweiten Phase ist eine deutliche Verfeinerung der oben genannten sprachlichen Ausdrucksmittel zu beobachten. Was die Montage betrifft, so gibt es eine entschiedene Systematisierung der verwendeten Materialien, indem die Autorin nicht nur provokativ auf deren Herkunft, sei sie nun fiktiv oder nicht, hinweist, sondern auch metadiskursive Sequenzen einfügt, in denen die Ich-Erzählerin über die Wirklichkeitsdarstellungsmodi im Kontext eines permanenten Ausnahmezustandes kritisch reflektiert. Die fortschreitende Definition des literarischen Raums der Erzählerin verformt sich dann in expliziten Schlusswörtern, welche die Idee des „wacklige[n] ich[s]" (Röggla 2013b, 30) als textuelle Funktion der Kritik einordnen. Zu beachten ist auch, dass die Erzählstimme sich in dieser Phase als die einzige definierte Subjektivität profiliert, die in Dialog mit kollektiven Instanzen ohne sprachlichen Charakter tritt.

Genau mit diesen Reportagen wird „das konjunktivische Interview" (Krauthausen 2006) Kathrin Rögglas deutlich zum Ausdruck gebracht. Die programmatische Verwendung des Konjunktivs I gilt hier als Darstellungskanal für das von der neoliberalen Ideologie *gesprochene* Individuum. Dementsprechend verwandelt sich der Typus des gegenwärtigen Menschen noch einmal, indem er, jede körperliche Eigenschaft verlierend, von Sendermann zum Gespenst wird. Diese sprechenden Gespenster bewegen sich zwischen den medialen Ruinen des New Yorker Anschlages und den homologisierten Räumen einer Messe, die als Symbol der neoliberalen Landschaft gilt. Hiermit offenbart sich Rögglas Lektüre des Krisenbegriffs als Sprachkrise, die anhand des Paradigmas des Ausnahmezustands immer weiter gespannt und bearbeitet wird.

2.3 Transitszenarien der Kommunikation: *die alarmbereiten* (2010), *Nachtsendung: Unheimliche Geschichte* (2016)

Die bereits erwähnten Theaterstücke, *draußen tobt die dunkelziffer* (2005), *worst case* (2008) und *die beteiligten* (2009), bilden den Anlass zur Konzeption von *die alarmbereiten* (2010), einer Kurzgeschichtensammlung, die das Thema des Ausnahmezustandes ausführlich behandelt. Dieses Thema wird dann vor dem Hintergrund des Unheimlichen weiterbearbeitet und in der Sammlung *Nachtsendung. Unheimliche Geschichten* (2016) dargestellt. In der Zeitspanne zwischen der Veröffentlichung der beiden Werke hat Kathrin Röggla weiterhin mit neuen Ausdrucksformaten experimentiert: Nach der Ernennung zur Mainzer Stadtschreiberin dreht Röggla 2012 für das ZDF den Dokumentarfilm *Die bewegliche Zukunft – Eine Reise ins Risikomanagement*. Wie der Titel schon andeutet, befasst sich der Film mit dem Wirtschaftszweig des Risikomanagements, der mit dem Wiederaufbau gefährdeter Gebiete verbunden ist. Röggla bewegt sich hier zwischen dem Kosovo, Bulgarien und den ehemaligen Industriegebieten Deutschlands und lässt, wie in ihrer künstlerischen Praxis üblich, die sogenannten *Experten*, d. h. Investoren und Unternehmer, zu Wort kommen. So fügt sie ihrer Untersuchung der Phänomenologie unserer Gegenwart ein weiteres Feld von formalen Experimenten und politischer Diagnose hinzu. An dieser Stelle ihrer Karriere erwecken der multidisziplinäre Charakter ihrer Arbeit und die sorgfältige Auswahl der drängendsten Fragen der Gegenwart eine starke Aufmerksamkeit – sowohl im institutionellen als auch im wissenschaftlichen Rahmen. 2015 wird Kathrin Röggla zur Vizedirektorin der Akademie der Künste in Berlin nominiert. Darüber hinaus hat die Schriftstellerin mehrere Zyklen von Poetikvorlesungen an verschiedenen Universitäten gehalten: 2014 in Saarbrücken (2015a) und in Essen (2015b), zwei Jahre später in Zürich (2016), dann 2017 in Bamberg (2019a), Ende 2019 in Köln (2019b) und letztendlich in Graz (2022). Weiterhin wird Kathrin Röggla 2019 Mitglied der Bayerischen Akademie der Schönen Künste und 2020 Professorin für „Literarisches Schreiben" an der KHM Köln.

In dieser dritten Phase setzt ein weiterer stilistischer Durchbruch ein, der sich entschieden auf das Konzept des „Fiktiven" konzentriert. Die beiden Sammlungen, *die alarmbereiten (2010) und Nachtsendung: Unheimliche Geschichte* (2016), zeigen nicht mehr die Struktur der literarischen Reportage, sondern profilieren sich vielmehr als *wahrheitsgemäße* Geschichten. Aus diesem Grund wird die oben beobachtete Zentralität der Montage durch die intensive Arbeit an der sprachlichen Konfiguration der dargestellten Diskurse ersetzt. Neben dem Konjunktiv I treten also der Konjunktiv II und der Indikativ auf, die so das Spektrum der dargestellten diskursiven Dimensionen bereichern. Hebt die indirekte Rede die Distanz zwischen Leben und Sprache hervor, so tragen diese verbalen Modi dazu bei, Szenarien realistischer Halluzinationen zu schaffen. Insofern ist nicht nur die

Rede von den Gespenstern des Neoliberalismus, sondern auch von „Sprechgattungen" (Bachtin 2017), die unterschiedliche Nuancierungen von Panikdiskursen im medialen Raum ausdrücken. Die Entkörperlichung der Sprechfiguren entspricht auch einer räumlichen Entmaterialisierung, denn die Erzählsammlungen spielen sich entweder in Transitszenarien oder sogar in rein kommunikativen Situationen (Telefongespräche, Radiosendungen) ab. Die Umstellung auf das Fiktive führt ebenso zur Neutralisierung der Ich-Erzähler-Stelle (vgl. Röggla 2013b, 30), die zusammen mit den Schlussworten endgültig verschwindet.

2.4 Phase 0: Der Elefant im und aus dem Raum

Die bisher letzte Phase von Rögglas Werk eröffnet sich mit der performativen Ausstellung *Der Elefant im Raum* (17. Mai–2. Juni 2019) im Rahmen des mit Karin Sanders und Manos Tsangaris konzipierten Projektes *wo kommen wir hin* an der Akademie der Künste. In Kontext einer solchen transversalen künstlerischen Erfahrung impliziert Rögglas Auseinandersetzung mit dem Kuratieren die Erkundung einer weiteren kompositorischen Dimension, in der alle zuvor gekreuzten Codes, d. h. Wort, Ton und Bild, synthetisch zusammenlaufen. Dieses Ereignis markiert eine weitere Etappe auf dem künstlerischen Weg der Autorin, da sie sich sowohl innerhalb als auch außerhalb der ästhetischen Sphäre ausdrückt. Geht ihre künstlerische Produktion sowohl mit dem vom NSU-Prozess inspirierten Hörspiel *Verfahren* (2022) als auch mit den literarischen Essays *Bauernkriegspanorama* (2020b) und *Ausreden* (2022) weiter, so dehnt die Autorin ihren Einfluss auf die institutionelle Ebene aus und bestimmt dadurch den aktuellen künstlerischen Diskurs auf zwei parallelen Ebenen.

Dementsprechend ist es wichtig hervorzuheben, dass die beobachtete Neutralisierung der Erzählerstimme auf der fiktionalen Ebene mit Kathrin Rögglas Eintritt in die offizielle Welt der deutschen Kulturpolitik zusammenfällt. Diese Kompensation kann man als die Überwindung des historischen Widerspruchs der engagierten Intellektuellen betrachten, die ausschließlich auf die literarische Sphäre eine Wirkung hat. Es scheint dann konsequent, dass die innertextliche Manifestation des Ichs beiseitegeschoben wird, wenn sich die außerliterarische Präsenz der Autorin verstärkt. Mit anderen Worten: Kathrin Röggla dringt so tief in die neoliberale Dynamik ein, dass sich ihr Subversionsversuch nicht nur auf ästhetischer Ebene, sondern auch auf institutioneller Ebene entfaltet, und zwar dort, wo tatsächlich Veränderungen vorgenommen werden könnten. Daher wurde dieser gegenwärtige Moment nicht als vierte Phase, sondern als Phase 0 definiert, um die Perspektive eines Neubeginns zu unterstreichen.

Zusammenfassend zeichnet diese Periodisierung eine Parabel der Motive und der Sujets, die den progressiven Sprachverlust als Materialitätsverlust darstellen.

Der Strohmannsprototyp bewohnt die Metropole Berlin im Moment ihrer Verwandlung in eine *global-city*. Der Übergang zum Sendermann-Typus fällt also mit dem Ende dieses Prozesses zusammen und geht der Darstellung des Ereignisses voraus, das die endgültige Mediatisierung von Politik und Existenz am deutlichsten symbolisiert: die weltweite Live-Übertragung der Anschläge am 11. September 2001. Der totale Verlust der Körperlichkeit nimmt dann die Gestalt des Gespenst-Motivs an, das im transitorischen und standardisierten Raum der Messe angesiedelt ist. Des Weiteren geht die Schriftstellerin über den Raumbegriff selbst hinaus, indem sich die jüngsten Prosawerke an archetypischen Nicht-Orten (Flughäfen, Hotels und Parkhäuser) abspielen. Darauf aufbauend wurde Rögglas Œuvre als Sammlung von „Szeno-Graphien" (Neumann 2000) der Gegenwart begriffen: Da Sprache zunehmend dem neoliberalen Diktat unterworfen ist, führt der damit einhergehende sprachliche Identitätsverlust zu einer fortschreitenden Auflösung der Szene. In ihrem Zusammenhang betrachtet, bilden diese Szeno-Graphien eine literarische Phänomenologie der Entmaterialisierung.

3 Ein Porträt im Gegenlicht: drei literarische Vorbilder

In Rögglas Essayistik findet sich ein breites Repertoire literarischer Vorbilder, die einer kritischen Positionierung der Schriftstellerin im Rahmen der internationalen Literatur dienen. Zunächst gehen die österreichischen literarischen Wurzeln Rögglas unmittelbar auf Elfriede Jelinek (Röggla 2011) und Ernst Jandl (Röggla 2016a) zurück. Außerdem beruft sich die Autorin auf drei zentrale Figuren des engagierten Sprachexperiments im Kontext der Nachkriegsmoderne: Alexander Kluge (Röggla 2002a), Hubert Fichte (Röggla 2002b) und Heiner Müller (Röggla 2004). Bei der Schilderung ihrer Paradigmen erwähnt Röggla auch einige US-amerikanische Künstler:innen, die die Frage der Hypermodernität kritisch behandelt haben, nämlich John Cassavetes (Röggla 2003) und David Foster Wallace (Röggla 2016a).

Was diese Autor:innen gemeinsam haben, ist eine künstlerische Praxis, die durch mediale Interferenz-Verfahren einen Bruch in der Realitätswahrnehmung erzeugen will. Trotz der stilistischen und thematischen Unterschiede haben sich diese Künstler:innen nicht-linear mit dem Rohstoff der Darstellung auseinandergesetzt, um Gegennarrationen des Realen zu leisten. Deshalb sind sie Kathrin Rögglas *alte Meister* geworden.

An dieser Stelle scheint es angebracht, ein so weites Feld an Vorbildern einzugrenzen, um Rögglas Verhältnisse zur deutschsprachigen Literaturtradition genauer zu beleuchten. Die vorliegende Arbeit konzentriert sich dabei auf diejenigen, deren Werke – auch laut der Autorin[1] – die prominentesten Paradigmen für Sprachmodellierungen liefern: Elfriede Jelinek, Ernst Jandl, Hubert Fichte und Alexander Kluge.

3.1 In der *Skepsis* verankert: Die Grammatik von Ernst Jandl und Elfriede Jelinek

Der Widerhall der österreichischen Literaturtradition in Rögglas Werk besteht in einem bewussten Rückbezug auf die Sprachskepsis, und zwar auf die Darstellungsmodi einer Krise der Sprache, die bereits 1902 in Hugo von Hofmannsthals *Chandos-Brief* (1991, 45–55) angekündigt und im Folgenden in Ludwig Wittgensteins *Philosophischen Untersuchungen* (1971 [1958]) philosophisch umgedeutet wurde. In

---

[1] Privatgespräch mit Kathrin Röggla am 30.01.2019.

diesem Werk verabschiedet sich Wittgenstein von der Suche nach der Systematisierung der idealen Sprache (1991 [1921]) und setzt dieser das Konzept der Sprachspiele entgegen, die als „Lebensform" (1971, 14) die Welt des Individuums im Akt des Sprechens konstruieren. In Bezug auf die folgenden Beobachtungen über das sprachskeptische Erbe in Rögglas Schreiben muss kurz betont werden, dass auch Wittgenstein bei der Aufführung von Beispielen für das Gelingen der Sprachspiele den Konjunktiv I anstatt des dass-Nebensatzes verwendet: „Auch meint der, der sagt, der Besen stehe in der Ecke, eigentlich: der Stiel sei dort und die Bürste, und der Stiel stecke in der Bürste?" (Wittgenstein 1971, 45). Diese Wahl bekräftigt formal seine These über die Performativität des Sprechens, denn, wie später gezeigt wird, stellt dieser Sprachmodus die Sprache in einer leicht verschobenen Zeitlichkeit dar und erlaubt somit ihre kritische Beobachtung im Moment ihrer Entstehung. In diesem Sinne bildet Wittgensteins Sprachspiel-Theorie die philosophische Grundlage, auf der das fußt, was hier als *österreichisches* Sprachgefühl bezeichnet wird. Diese sprachliche Nuancierung lässt sich nach unterschiedlichen Formen und Motiven deklinieren, die im Folgenden diskutiert und in Bezug auf Rögglas Poetik hinterfragt werden.

3.1.1 Der „reine Konjunktiv" Ernst Jandls

Die extreme Relevanz der österreichischen Sprachmodellierung wird von Kathrin Röggla selbst unterstrichen, indem sie der Untersuchung der literarischen Geschichte des Konjunktivs I den Großteil der *Zürcher Poetikvorlesungen* widmet. Insbesondere in der ersten Vorlesung reflektiert die Schriftstellerin über die Darstellungsmöglichkeiten einer Gegenwart, die sich nicht mehr als Hier und Jetzt profiliert, sondern als paranoide bzw. immer eventuelle Projektion in die Zukunft erscheint. Im Rahmen des Realismus-Diskurses erfordert eine solche Wahrnehmungsverschiebung die Verwendung von Erzählperspektiven einer absoluten Möglichkeit, denn „die Darstellung des Realen [kann] immer nur in Realitätsübungen gewonnen werden" (Röggla 2016a, o.S.). Insofern tritt der Konjunktiv I als ideales Sprachmittel auf, um produktiv auf der Wirklichkeitsklaviatur zu spielen. Im Verlauf der Vorlesung verdeutlicht Röggla die Funktionen des Konjunktivs und betont dabei seine Fähigkeit, die Erzählebenen zu trennen:

> Der Konjunktiv zerschneidet den Bühnenraum, bzw. fügt er sozusagen eine fünfte Wand ein, eine externe Sprecherposition, eine Art Mehrzeitigkeit des performativen Sprechens. Er ist eine Spaltmaschine. Zwischen dem sprechenden Subjekt und dem Subjekt der Sätze, zwischen dem „Hier und Jetzt", dem „Eben noch" und dem „jetzt gerade", dem „Hier und dort", dem Sprecher und dem Sprechenden. (Röggla 2016a, o.S.)

Röggla liest dann die systematische Verwendung dieses Sprachmodus in ihrem Werk als Nachlass der österreichischen Literaturtradition des zwanzigsten Jahrhunderts. Der philologische Ansatz der Vorlesung, nach dem die Autorin Musils Möglichkeitssinn und Jandls Sprachwitz als Kontinuum definiert, besitzt eine doppelte Funktion: Einerseits setzt die Autorin die konjunktivische Haltung der literarischen Sprache mit den Krisen des zwanzigsten Jahrhunderts historisch zusammen, andererseits verortet sie sich dadurch in dieser literarischen Tradition, da sie mit österreichischen Stilmitteln im Rahmen der Gegenwartskrise agiert:

> Was, wenn Zukunft im ökonomischen Denken all unsere Fiktionalisierungsenergien bündelt? [...] Denn schließlich wird in dieser grammatischen Form das Hier und Jetzt ausgehebelt, nein, nicht nur ausgehebelt, sondern einer steten Suchbewegung ausgesetzt. Wo ist das Hier und Jetzt des Sprechers, fragt sich der Konjunktivhörende. Man beginnt es zu suchen und wird mit dem nächsten Konjunktivsatz wieder von ihm abgerückt. Eine Nichtstelle, ein inexistenter und doch hoch aufgeladener Raum. So ein Konjunktiv kam auch in meinem Schreiben nicht aus dem Nichts, geerbt habe ich nicht nur von Musil, sondern noch viel deutlicher von einem anderen Österreicher (der Konjunktiv hat sein Hauptlager in Österreich aufgestellt, das wissen wir heute), nämlich Ernst Jandl. „Aus der Fremde" heißt das Stück, nein, die Sprechoper, die der österreichische Schriftsteller 1980 in reinem Konjunktiv verfasst hat. [...] Die Frage, wer noch handelt, erhält im Konjunktiv ein neues Licht. Er geht der ständigen Verschiebung der Handlung nach, die wir in der öffentlichen Rede erleben. (Röggla 2016a, o.S.)

Röggla liest hier die konjunktivische „Verschiebung der Handlung" in der Alltagsdarstellung als besonderes Merkmal der österreichischen Literaturtradition. Diese Behauptung besitzt hohe Relevanz, weil dieser Sprachmodus als historisch fundiertes und noch produktives Übersetzungsmittel der Krise kodifiziert wird: Stellt Musil die Krise der Moderne durch die Ulrich-Figur in *Der Mann ohne Eigenschaften* (1943) dar, indem der Protagonist in der Potentialis-Dimension (1957, 18–21) des Konjunktivs lebt, so tritt Jandl durch die Entwicklung einer lyrischen Sprache, die auf einem „Willen zur Unsicherheit" (Jandl 1970a, 34) beruht, explizit gegen die fehlende Aufarbeitungspolitik in Österreich auf.

Vor diesem Hintergrund ist der Verweis auf Ernst Jandl von großem Interesse. Die Poetik Jandls gründet sich auf der sprachspielerischen Alltagsdarstellung, die auf die Umstellung des Wortreferenzwerts nach klanglichen und visuellen Prinzipien abzielt, wie die berühmten Sammlungen *laut und luise* (1966) und *der künstliche baum* (1970b) zeigen. In diesen experimentellen Verschiebungsverfahren liegt der Kern der Gesellschaftskritik von Jandl, die sich in der Tat als *Sprachkritik* entfaltet. Nach Jandl besteht der Zweck des sprachlichen Experimentierens ja gerade darin, „Dinge aus Sprachen zu erzeugen, die zu den Dingen, wie man sie kennt, ihre eigene Distanz haben. Der Wille zur Unsicherheit [ist] auch ein Merkmal der sogenannten experimentellen Dichtung" (Jandl 1970a, 28). Darüber hinaus nimmt dieses Trennungsverfahren in seinem Schreiben fürs Theater die Gestalt eines „kritisch versprachlichte[n] Bewußtsein[s]" (Haag, Wiecha 1982, 120) an.

Die Analogie zwischen Gesellschaftskritik und Sprachkritik verbindet im allgemeinen die ganze Generation von Dichter:innen und Schriftsteller:innen der Zweiten Republik. Im Bezug darauf stellt sich Schmidt-Dengler provokativ die Frage: „Gibt es das Österreichische in der österreichischen Literatur?" (1984). Auf der Suche nach einer passenden Antwort, überprüft er verschiedene Hypothesen über die sogenannte „politische Passivität" (Schmidt-Dengler 1984, 151) dieser Autor:innen und kommt zu dem Schluss, dass das Politische ihres Schreibens eher in der Art und Weise liegt, wie sie den Alltag darstellen, als in den Themen, die sie behandeln. Mit anderen Worten: Es geht darum, *„wie* Geschichte präsent wird" (Schmidt-Dengler 1984, 154), wobei die Kursivschrift sofort auf die sprachliche Modellierung dieser Autoren verweist. Bei der Auflistung von Beispielen für Schriften, die versuchen, die Geschichte formal zu bearbeiten, erwähnt Schmidt-Dengler *Aus der Fremde: Sprechoper in 7 Szenen* von Ernst Jandl (1980). Es ist genau dieses Werk, das Röggla als das repräsentativste für ihre Jandls Rezeption erwähnt, da es als Vorbild für einen „reinen Konjuntiv" (Röggla 2016a, o.S.) gilt.

In dieser Sprechoper inszeniert Jandl drei Figuren – einen „er", eine „sie" und einen „er2", die sich in einer Sprechart „an der Grenze zum Singen" (Jandl 1980, 5) ausschließlich im Konjunktiv I äußern. Ausgangspunkt ist der akute Depressionszustand dieses „er", eines Schriftstellers, der sich zu Hause eingeschlossen hat und nicht mehr schreiben kann. Jandl übersetzt durch den Konjunktiv die für die depressive Störung typische Trennung von jedem Empfindungsvermögen und thematisiert diese Wahl explizit im Stück. In der vierten Szene gibt es eine metadiskursive Sequenz, in dem „er" und „sie" über die Funktion dieses verbalen Modus reflektieren:

> *sie*: außerordentlich diese
> verwendung des konjunktivs
> den sie so selbst liebe
>
> *er:* außerdem alles
> in der dritten
> person
>
> was einige
> als sehr gekünstelt
> empfinden würden
> [...]
> wobei konjunktiv ebenso
> wie dritte person
> ein gleiches erreichten

> nämlich objektivierung
> relativierung
> und zerbrechen der illusion (Jandl 1980, 61–62)

Die Verschärfung einer „gekünstelt[en]" (Jandl 1980, 61) Atmosphäre ist also auf die objektivierte Darstellung des Sprachgebrauchs im dialogischen Kontext zurückzuführen. Die radikale Verwendung des Konjunktivs bewirkt hier gleichzeitig Objektivierungs- und Relativierungsprozesse des gesprochenen Wortes, welche den oben zitierten Willen zur Unsicherheit ins Szene setzen. „zerbrechen der illusion" heißt dann für Jandl, die reine, und daher leere Ausübung der Sprache darzustellen. Dieses Thema wird am Ende dieser metadiskursiven Sequenz deutlich formuliert, denn die er-Figur behauptet: „der konjunktiv nun /bewirke/daß dieses erzählen//nicht ein erzählen/ von etwas/ geschehenem sei// sondern daß es das erzählen/von etwas/erzähltem sei" (Jandl 1980, 63–64).

Darüber hinaus ist hinzufügen, dass es im Leben der er-Figur überhaupt kein „geschehen" gibt, denn er verbringt seine Tage mit Whiskey, Zigaretten und Antidepressiva in Erwartung der flüchtigen Besuche der Geliebten sie-Figur. Er lebt also in einem konjunktivischen „morast" (Jandl 1980, 16, 102), der kein *Potentialis* mehr besitzt.

Der depressive Zustand des Protagonisten ist jedoch nicht als bloße Figuration einer Pathologie zu betrachten, sondern eher als extreme Folge einer Entscheidung, welche die österreichische Gesellschaftsordnung bewirkt hat. Am Ende dieser Szene findet man nämlich konkrete Hinweise auf die in Österreich geltenden Zensurmechanismen, welche die Außenseiterposition der er-Figur verdeutlichen:

> *er:* im übrigen
> wisse er
> einen dreck
>
> man solle ihn mal
> eine stunde lang
> österreichische geschichte erzählen lassen
>
> in australien
> sei das möglich
> es sei ein alptraum
> [...]
> geschichtshaß
> gründlichst empfangen
> habe er zur nazizeit
>
> geschichtsverlangen
> kenne er
> auch heute noch nicht (Jandl 1980, 58–59)

Jandl entkleidet somit die offizielle Version der nationalen Geschichte von jeglichem kleinbürgerlichen Schein und offenbart ihr verstecktes Wesen als Dreck, der in der Öffentlichkeit anders propagiert wird. Im zitierten Auszug glänzt die übliche spöttische Ironie, die Jandls Schreiben kennzeichnet, da der Protagonist, mit dem klassischen Missverständnis zwischen den Substantiven „austria" und „australia" spielend, letzteres als ideales Ziel benennt, wo er endlich eine alternative Version der nationalen Geschichte, und zwar seine eigene, erzählen darf.

Die Depression der er-Figur vermittelt somit das dissidente Verhältnis Jandls zur österreichischen Gesellschaft. In diesem Sinne dient die Verschiebung des Konjunktivs nicht nur dazu, das Sprachfunktionieren darzustellen, sondern auch dazu, den Impetus der Protestgeste abzukühlen, gerade um den Dissens stärker auszudrücken.

Darauf fußt Rögglas Bild des Konjunktivs als „Spaltmaschine" (Röggla 2016a, o.S.), das von der Brisanz Jandls konjunktivischer Oper hervorgebracht wird. Der Dichter gilt also als Vorbild für eine Art der Sprachmodellierung, die zulässt, die Dynamiken der individuellen Selbsterzählung *in vitro* zu rekonstruieren, um die Kluft zwischen der Innen- und Außenwelt sprachlich offenzulegen.

Die Verwendung des Konjunktivs steht bei Röggla im Einklang mit einer sorgfältigen Auswahl der repräsentativsten Kontexte der Gegenwart, die in und mit dem Diskurs dekonstruiert werden. In diesem Sinne ist unter allen bisher genannten Vertreter:innen der Sprachskepsis die Poetik von Elfriede Jelinek derjenigen von Röggla am ähnlichsten.

3.1.2 Das „sprechen" von Elfriede Jelinek

Die Relevanz von Elfriede Jelinek in Kathrin Rögglas Ästhetik wurde in der akademischen Debatte mehrfach hervorgehoben (Vgl. u. a. Vilar 2013, 109–123; Gröbel, 2011, 101–116), bis hin zur Vermutung einer künstlerischen Verwandtschaft zwischen diesen „Sprachverschieberin[nen]" (Kormann 2006, 239) der zeitgenössischen Literaturszene. Zunächst teilen die Autorinnen eine thematische Affinität: Beide stellen die dringenden Fragen der Gegenwart durch die verfremdende Vermischung von Popkulturelementen mit dem medial vermittelten politischen Diskurs dar. Szczepaniak porträtiert sie daher „in Mediengewittern" (2013, 25–35), und damit mit einem treffenden Bild für das rege Interesse beider an der zeitgenössischen Gesellschaftsordnung. Weiterhin fasst diese Definition die demystifizierende Haltung gegenüber dem medialen Diskurs zusammen, die Röggla von Jelinek lernt. In dieser Hinsicht ist es nicht verwunderlich, dass der Fall Kampusch² sowohl von Jelinek (2011) als auch von Röggla (2010, 121–176) als Beispiel für die „Opferdynamik" (Röggla 2016a, o.S.) herangezogen wird, die den aktuellen Mediendiskurs beherrscht (vgl. Hnlica 2017). Der kodifizierte öffentliche Diskurs gilt also als primäre Quelle der literarischen Partituren der Schriftstellerinnen.

Demzufolge ist ein weiterer Aspekt hervorzuheben, der sowohl bei Jelinek als auch bei Röggla immer wieder auftaucht: das Motiv des Untoten, dessen Funktion es ist, nach der Freud'schen Lehre,³ auf das Verdrängte aufmerksam zu machen. In *Die Kinder der Toten* (1995), *wir schlafen nicht* (2004) und *Nachtsendung* (2016) nimmt die Präsenz von Gespenstern und Zombies an der Kritik an der herrschenden Ordnung aktiv teil (vgl. Gürtler 2022, 164). Überträgt Jelinek die nicht aufgearbeitete nationalsozialistische Vergangenheit Österreichs ins Motiv der Untoten, um die kleinbürgerliche Ruhe ihrer Heimat zu erschüttern, so verwendet es Röggla, um die Folgen des neoliberalen Systems auf das Individuum aufzuzeigen.

Der Einfluss von Jelineks Schreiben wird von Röggla selbst folgendermaßen bestätigt: „elfriede jelinek hat mir das sprechen beigebracht" (Röggla 2011, 17). Die semantische Wortwahl der Autorin ist vielsagend, weil sie Jelineks Erbe nicht als „die Sprache" sondern als „das Sprechen" definiert. Hiermit präzisiert Röggla ihr Interesse am Dialogischen in der Sprache, das eine prominente Rolle in Jelineks Ästhetik spielt. Jelineks *Sprechen* verkörpert sich in der Erschaffung von Figuren, die „das sprechen [SIND], sie sprechen nicht" (Jelinek 1997, o.S.). In diesem Sinne erweisen sich Jelineks Sprechinstanzen als „Bedeutungsträger" (Wilke 1996, 91), die das neoliberale Diktat in einer polyphonen Tonart wiedergeben. Beide Autorinnen greifen also auf den öffentlichen Diskurs zurück, um „Echoräume" (Gutjahr 2007, 19–31) zu schaffen, welche die Wirklichkeit reflektieren und zugleich reinszenieren. An dieser Stelle lässt sich festhalten, dass die Poetiken beider Autorinnen auf unterschiedliche Weise einen „medien- und sprachkritischen Realismus" (von Bernstoff 2011, 161) durchdeklinieren. In diesem Rahmen zielen ihre Intermedialitätsverfahren darauf ab, die Manipulationsstrategien der Alltagssprache auf Ebene der Ästhetik zu bearbeiten

Dementsprechend stellt sich der Begriff des „sprechens" als passende Definition für eine solche Schreibpraxis heraus, welche die geltenden sozialen Gebote in textliche Leitmotive überträgt. Die hektische Wiederholung der medialisierten Sprachkonstruktionen erzeugt die progressive Entleerung ihrer Bedeutung und

---

2 Natascha Kampusch wurde 1998 von Wolfgang Přiklopil in Wien entführt und acht Jahre gefangen gehalten. Nachdem sie aus ihrer Gefangenschaft entkommen war, erhielt sie eine massive Aufmerksamkeit von den Medien. Ihre Verwandlung in eine bekannte Medienfigur gab Anlass zu zahlreichen Kontroversen und Interpretationen in der öffentlichen Debatte.
3 Siehe dazu den Kapitel 4.7.1., der sich der Rezeption des Begriffs des Unheimlichen in der Prosasammlung *Nachtsendung* (2016) widmet.

drückt hiermit die sozioökonomischen Ungleichgewichte aus, die dem Individuum eine homologisierte Sprache verleihen. Genau durch dieses stilistische Verfahren findet der ästhetische Dekonstruktionsprozess des hegemonialen Diskurses statt.

Im Einklang mit Schmidt-Denglers Beobachtungen offenbart sich also das österreichische Sprachgefühl beim Schreiben von Kathrin Röggla als ein *wie*, d. h. auf der formalen Ebene: erklingt die Stimme Jandls in der konjunktivischen Verschiebung der Rede, so evoziert das rhythmische Gewebe von Mediendiskursen und sozialen Geboten die „gewaltige Sprachflächen" Elfriede Jelineks (Löffler 2007, 9). Durch diese Schreibtechniken verstärkt sich dann die immanente Performativität des Röggla-Stils, denn es ist die Sprache selbst, die ins Zentrum der gesellschaftskritischen Aufnahmen der Autorin gerückt wird. Sie wirkt somit als Agens der Handlung, oder, Wittgenstein folgend, als die Handlung selbst. Dieser sprachspielerische Impetus reproduziert jedoch nicht in vollem Umfang die Lehre der österreichischen Nachkriegsmoderne, denn er kombiniert sich mit den dokumentarischen und realistischen Schreibverfahren, die Röggla von Hubert Fichte und Alexander Kluge übernimmt (vgl. Gürtler 2022, 161).

3.2 Parallele Laufbahnen: Das literarische Interview von Hubert Fichte

Zeigt sich das Österreichische an Rögglas Schreiben in der dekonstruktiven Sprachgeste der Entfremdung, so lässt sich die Rezeption von Hubert Fichtes Dokumentarpraxis in der Bearbeitung der Mündlichkeit erkennen. Beim Vergleich ihrer Werdegänge kann man zunächst feststellen, dass Kathrin Röggla und Hubert Fichte eine ähnliche ästhetische Trajektorie haben.

Hubert Fichte debütiert mit den Romanen *Der Aufbruch nach Turku* (1963) und *Das Waisenhaus* (1965). Beide Werke basieren hauptsächlich auf der Erinnerungsdimension[4] und besitzen eine starke autobiographische Komponente, die durch einen intradiegetischen Erzähler vermittelt wird. 1968 veröffentlicht er den Interviewroman *Die Palette*, der seinen Aufenthalt im gleichnamigen Club in der Hamburger ABC-Straße darstellt. *Die Palette* markiert einen Wandel im Werk des Autors, indem Fichte mit dem literarischen Interview-Modell deutlich zu experimentieren anfängt, um ein treues, wenn auch fiktives, Porträt einer von der Gesellschaft ausgeschlossenen Gemeinschaft zu liefern. Der Kern des Werkes liegt

---

[4] Zum Einfluss von Marcel Proust und des französischen *Nouveau Roman* auf Hubert Fichtes Poetik siehe M. Rieger, *Die Welt durch sich hindurch lassen - Hubert Fichtes Werk als Medium ästhetischer Erkenntnis*, Frankfurt a. M.: Peter Lang Verlag, S. 35–66.

also in der sprachlichen Virtuosität, mit der es Fichte gelingt, durch die Vermischung verschiedener Materialien und Zeitlichkeiten das Fiktive in ein Werkzeug der literarischen Authentizität zu verwandeln, d. h. in ein ethnologisches Instrument (vgl. Bandel 2006, 72–81). Die ersten Reportageversuche eröffnen die lange Reise-Saison Fichtes. In den 70er und 80er Jahren besuchte er zusammen mit Leonore Mau die afroamerikanischen Gemeinschaften zwischen Afrika, Meso- und Südamerika und betrachtete aktuelle westliche Themen, wie die Behandlung psychischer Störungen oder die Homosexualität „nach dem anderen Weg" (Wischenbart 1981, 69).

Das Ergebnis dieser außereuropäischen Reisen bildet die Grundlage des monumentalen Projekts eines *roman fleuve*, das aufgrund seines frühen Todes unvollendet blieb: Von den fünfundzwanzig geplanten Bänden der *Geschichte der Empfindlichkeit* wurden nur die ersten siebzehn veröffentlicht.

Rögglas Werdegang lässt sich als eine Art parallele Laufbahn betrachten: Das Spiel mit dem Dokumentarischen, und zwar mit dem literarischen Interview, liegt nicht im Zentrum der Frühwerke *niemand lacht rückwärts* (1995) und *Abrauschen* (1997), wo die Reinszenierung des Alltagsdiskurses durch das Dialogische noch eine sekundäre Rolle spielt. Erst mit *Irres Wetter* (2000) gewinnt die Reportage Relevanz. In diesem Zusammenhang sei auch erwähnt, dass Fichtes Name im Prosastück *wohnmaschinen* explizit zitiert wird (Röggla 2000, 35). Nach der ersten Annäherung an diese Gattung bemerkt man eine dezidiert dokumentarische Wende in Rögglas Prosawerk, das, genauso wie im Fall Fichtes, außerhalb des europäischen Kontinents spielt, sei es auf dem „ground zero" der USA nach dem Anschlag oder in den immateriellen Szenarien der globalisierten Welt.

Daraus folgt, dass beide Schriftsteller:innen durch das Experimentieren mit dem literarischen Interview einen Wendepunkt in ihrer künstlerischen Entwicklung erreichen.

3.2.1 Die performative Übertragung des Dialogischen

Das literarische Interview profiliert sich als eine Schreibpraxis, die eine gewisse Performativität an sich hat. Bandel definiert sie als „eine Art Erzählperformance" (2006, 72), die dreiteilig gegliedert werden kann.[5] Zuerst kann die Vorbereitung des Interviews, bzw. „das Frage-Antwort-Spiel" (Bandel 2006, 79), als die Herstellung einer Dramaturgie angesehen werden, welche die Grundlage für die Improvisation der Autor:innen mit den Interviewpartner:innen bildet. Der Moment des Inter-

---

5 Ein Teil dieser Analyse wurde in bearbeiteter Form in Coppola 2022 veröffentlicht.

views gründet sich hingegen auf der Interaktion der involvierten Stimmen, also auf der für jede Performance konstitutiven „autopoietischen Feedback-Schleife" (Fischer Lichte 2004).⁶ Die letzte Phase, und zwar die Übertragung des Mündlichen ins Schriftliche, ist wiederum als Inszenierung zu begreifen, denn durch die Modellierung des dokumentarischen Materials bewirken die Autor:innen die „Simulation [...] einer Gegenwart" (Bandel 2006, 80).

Somit hat Hubert Fichte eine intermediale ethnopoetische *Recherche* um die Welt durchgeführt. Durch einen schriftlichen „Wörterteppich" (von Wangenheim 1981, 29) verweist seine Prosa immer latent auf das Hier und Jetzt des Dialogs, indem „[d]ie Schriftform also durch etwas gestört [wird], das der mündlichen Gesprächssituation entstammt, aber nicht mehr bzw. nicht direkt zur Darstellung kommt" (Krauthausen 2014, 186). Die offensichtliche Simulation einer möglichen Gegenwart entsteht aus dem Prozess der Typisierung fremder Stimmen, denn Fichte „entindividualisiert ihn [den anderen]; er schneidet in dessen Worten herum und klebt sie auf; schließlich maskiert er sie" (Trzaskalik 2006, 95). Dadurch hebt Fichte die individuelle Lebenserfahrung auf eine kollektive Ebene und komponiert poetische Relektüren seiner Interviews, die als alternative Versionen der Wirklichkeit auftreten. Das dokumentarische Material bzw. das Gehörte dient als Erkenntnismaterial, anhand dessen die „Wirklichkeit der Sprache" durch Fiktionalisierungsverfahren dargelegt werden kann:

> Schon 1967 stellt Fichte fest, dass das eigentlich Literarische weder das zeitlos Wahre noch ein kalkulierbares Wahrscheinliches sei, sondern explizit „das Unberechenbare". Fichtes literarisches Interesse gilt damit einem Wirklichen, das den rational-kausalen und rational-formalen Darstellungen (in Wissenschaften und Philosophie) entgehen muss. Um die von ihm angezielte Darstellungskompetenz zu erreichen, beschäftigt er sich mit dem Verhältnis von Sprache und Wirklichkeit, und dabei insbesondere: mit der Wirklichkeit der Sprache. (Kammer und Krauthausen 2020, 22).

So verdeutlicht sich auch der politische Wert dieser Forschungsmethode, die Kathrin Röggla von Hubert Fichte erbt, da, wie Bandel bemerkt, „[d]as literarische Interview eine Politik der Form, eine Ästhetik der Form, und nicht zuletzt: eine Ethik der Form [vertritt]. [...] [E]s bietet sich der Wissenschaft doch als ästhetisches Instrument der Erkenntnis und Interpretation an" (2006, 80). Fichte selbst behandelt die Frage nach der Ethik der Form in seinen poetologischen Überlegun-

---

6 Unter „autopoietischer Feedback-Schleife" versteht man den dialogischen Austausch zwischen Performer:innen und Zuschauer:innen, der durch ihre gemeinsame Anwesenheit im Hier und Jetzt der Darstellung entsteht. Da der gesamte Band der Schilderung dieses Konzepts gewidmet ist, wird hier auf diejenigen Seiten verwiesen, die sich mit diesem Thema explizit befassen: 58–126, 284, 294.

gen. In den *Ketzerischen Bemerkungen für eine neue Wissenschaft vom Menschen* (1980) plädiert er für eine Forschungspraxis, die in der Lage ist, die Gattungsspezifität zu transzendieren, und fordert hierdurch die Ethnolog:innen mit einer literarischen Erweiterung der wissenschaftlichen Sprache heraus: „Warum verleugnet der Ethnologe seine ästhetischen Möglichkeiten?" (Fichte 1980, 364). Darauf abzielend, entwickelt er eine artikulierte Praxis des Umgangs und der Wiedergabe der Lebenserfahrung nach dem Motto „Schichten statt Geschichten" (Fichte 1982 [1974], 294). Er lässt seine Figuren nie völlig zum Wort kommen, sondern nur durch Skizzen, rasche Sätze und schnelle Szenenwechsel auftreten, wodurch sich gleichzeitig mehrere Realitätsebenen nebeneinanderstellen. Die Komplexität des Realen liest man dann aus der Lücke zwischen diesen „Passage[n]" heraus (von Wangenheim 1981, 23).

Kathrin Röggla spricht vom Einfluss dieser ethnopoetischen Forschung in mehreren Essays (vgl. u. a. Röggla 2006; 2015b; 2016a; 2019a; 2020a). Darüber hinaus widmet sie speziell Fichte einen Aufsatz, der den sinnbildlichen Titel „der akustische fichte" trägt (Röggla 2002b). Dort versucht die Autorin, durch die Rekonstruktion ihres eigenen Handelns mit Fichtes Werk „die geschichte einer stimme" zu schildern (Röggla 2002b, o.S.). Die Verwendung des Substantivs „stimme" unterstreicht bereits die Zentralität der Mündlichkeit in beiden ästhetischen Forschungspraktiken. Die Aufsatzstruktur ist vielsagend, denn Röggla gliedert den Text in sechs Abschnitte, welche die von Fichte gelernten Phasen der ethnopoetischen Forschungspraxis darstellen: „1. lesen [...] 2. sprechen [...] 3. forschen [...] 4. fragen [...] 5. gefragt werden [...] 6. inszenieren" (Röggla 2002b, o.S.). Darüber hinaus schenkt Röggla vor allem seinen Features besondere Aufmerksamkeit, in denen das Spiel zwischen Authentizität und künstlerischer Fiktion in der Akustik ihren Höhepunkt erreicht:

> denn schließlich ist ein feature ja mehr als ein text, zumindest was anderes, da geht es doch um akustik, also auch um unterschiedliche sounds, d. h. geräusche, klänge, töne, alle art von stimmen, interferenzen, überlagerungen, technische filter. ein feature, das ist doch eine collage, das sind abgemischte o-töne, jedenfalls eine barocke akustik und nicht nur eine barocke musikeinspielung und genauso hört sich das feature dann an, wie „buchstaben auf'm papier" erstaunlich, wenn man an all die o-töne denkt, die sich in seinen texten wiederfinden, die ganze mündlichkeit darin, und zudem wie er über audiovisuelle medien schreibt, über filmschnitt, takes und stroboskop-effekte, dem verhältnis von medientechniken und geschichte, auch die eigene medialität in seinen texten reflektiert, aber in seiner radioarbeit das dann nicht umsetzt. (Röggla 2002b: o.S.)

Das Feature verlässt also die Grenzen konventionell konzipierter Texte dank der Möglichkeit, mit der Reproduktion der akustischen Umwelt auf die Vielschichtigkeit der Wirklichkeit zugreifen zu können. Darin liegt die inspirierende Kraft von Fichtes Schreiben für Röggla: Durch sein mediales Spiel schafft er eine intermediale

Prosa, in der fremde Stimmen auch in der „vermeintliche[n] Unentschlossenheit des Textes" (Höppner 2017, 330) ihren authentischen *Sound* erhalten und damit die Grenzen der Individualität sprengen. In postfaktischen Zeiten hat eine solche ästhetische ‚Authentizitätsproduktion' einen politischen Wert an sich, weil diese Sprachsimulationen eine Version der Wirklichkeit realisieren, die neben den von dominanten politischen Kräften verpackten Realitätsversionen parallel läuft. In Rögglas Worten heißt ein solches Prinzip des realistischen Schreibens: „schnittstellen zwischen mündlichkeit und schriftlichkeit auszuloten auf dem feld der literatur" (Röggla 2002b, o.S.). In diesem Sinne ist eine solche „Akustik" als die Spannung zwischen Mündlichkeit und Schriftlichkeit zu verstehen, die auf die performative Übertragung der Wirklichkeit in die Literatur abzielt. Die Arbeit an der Mündlichkeit wird also für Röggla zum Kanal, um zur „spezifität des wortschatzes einer jeden person, [den] spezifischen inszenierungsformen" (Röggla 2002b, o.S.) vorzudringen. Diese Aufmerksamkeit auf die Akustik, die Röggla von Fichte entlehnt, besitzt dann einen expliziten ethnologischen Charakter,[7] denn die Interviewtechnik ist „keine wissenschaftliche Methode, sondern [eine] Erfahrungsform", die auf die Entwicklung einer „Poetik menschlicher Verhaltensweisen" (Heinrichs 1981, 51) abzielt. Auch Bekes betont diesen Prozess der symptomatischen Typisierung der Alltagserfahrung, die Fichtes Vision in „ästhetische Authentizität" (1981, 94) verwandelt.

„Das poetische Auge des Ethnographen" (Dischner 1981, 30–47) bleibt dann doch fest in der Forschungspraxis von Kathrin Röggla verankert, die ständig nach einem „dialogische[n] denken" (Röggla 2002, o.S.) sucht. Beim dialogischen Denken versteht die Schriftstellerin die Art von Sezieren, Freilegen und Abstrahieren der symbolträchtigsten und zugleich problematischsten Kontexte ihrer Realität durch die Umschreibung der Mündlichkeit. Daher haben Jandl und Jelinek Röggla eine Grammatik beigebracht, Fichtes Erbe ist letztlich hingegen als eine Frage der Syntax zu definieren.

---

7 Hier sei auf Krauthausens Formulierung verwiesen: „Michel de Certeau hat im Rahmen seiner Überlegungen zu Wissenspraktiken darauf verwiesen, dass die Ethnologie sich als Disziplin begreifen lässt, die die Rede verschriftet und daraus ihre Legitimität im Feld des Wissens bezieht. Denn damit ist zugleich der Anspruch verbunden, das Nicht-Wissen der ‚Naturvölker' qua Schrift in ein Wissen der Ethnologie zu überführen. Diese Hypostasierung eines sich selbst unbewussten Mündlichen und dessen Vereinnahmung durch eine mit der Schrift verbundene Instanz des Wissens kann man mit de Certeau als die ‚ethnologische Form' beschreiben, und über diese schreibt der Philosoph, daß sie – auch jenseits der Wissenschaften, z. B. in der Philosophie – eine wichtige Rolle spielt z. B. in den Künsten – eine ‚Gestalt der Moderne' bildet." (Krauthausen 2014, 163).

3.3 Grundlagen einer radikalen Ästhetik: Der antagonistische Realismus Alexander Kluges

Bei der Betrachtung der verschiedenen Konstellationen der deutschsprachigen Literatur, die zur Stilentwicklung von Kathrin Röggla beigetragen haben, ist es notwendig, den facettenreichen Einfluss von Alexander Kluge zu untersuchen. Die Präsenz Kluges in Rögglas Werk kann nur als vielfältig bezeichnet werden, denn so ist Kluges Werk: monumental und transversal. In mehr als fünfzig Jahren ununterbrochener Tätigkeit hat Alexander Kluge die Idee des deutschen Kinos reformiert,[8] zahlreiche Prosawerke (u. a. 1962, 1968, 1984, 2000, 2003, 2006) und Sachbücher (u. a. Kluge und Negt 1972; 1993 [1981], 1992) geschrieben, und nicht zuletzt eines der interessantesten Experimente des Autorenfernsehens realisiert (1989–2012). Kluges Schreiben kann nicht von seinem Kino getrennt werden. Die beiden Ausdruckssphären beeinflussen sich gegenseitig und führen zu einer Forschungspraxis der Umdeutung, der eine kritische Reflexion über den Geschichtsbegriff zugrunde liegt.

Dieser allzu kursorische Überblick auf die grenzenlose Produktion dieses Intellektuellen weist auf die erste Affinität zu Röggla hin und zwar auf die Inter- und Transmedialität ihres Experimentierens im Kunstfeld. Beide führen das formale Experimentieren auf die politische Notwendigkeit zurück, die Gegenwart durch einen ästhetischen Protest neu zu denken. Insofern kann man behaupten, dass Kathrin Röggla, Kluges Vorbild folgend, den Akt der Darstellung als Denkform eines möglichen Realen intendiert.

Das Werk der Schriftstellerin modelliert sich dann nach dem „antagonistischen Realismusbegriff" (1975) Alexander Kluges. Im Anschluss an die Theorien Adornos und Debords über die Alltagsmedialisierung, entwickelt Kluge die Idee eines neuen Realismus als Antwort auf die „Industrialisierung des Bewusstseins" (Kluge et al. 1985), womit er auf die Wahrnehmungsverzerrung referiert, die durch die medienbedingte Ästhetisierung der Erfahrung ausgelöst wird: „Der heutige Fernseh- und Kinofilm vermischt Dokumentation und Fiktion – bis hin zur Umkehrung ihrer Funktionen: Dokumentation wird fiktiv, Fiktion hat dokumentarischen Ausdruck" (Kluge 1975, 202). In diesem Kontext plädiert Kluge für antagonistische Darstellungsversuche, die durch den „Antirealismus des Motivs"

---

[8] Es sei daran erinnert, dass Kluge einer der aktivsten Vertreter des *Oberhauser Manifests* (28. Februar 1962) war, einer Absichtserklärung einer noch jungen Generation von Filmemachern, darunter Edgar Reitz und Peter Shamoni, die Bewegung des *Neuen Deutschen Films* prägten. Einige seiner bekanntesten Werke sind: *Abschied von Gestern* (1966), *Die Artisten in Zirkuspuppel: ratlos* (1968), *In Gefahr und großer Not bringt der Mittelweg zum Tod* – in Zusammenarbeit mit Edgar Reitz – (1974), *Die Patriotin* (1979), *Die Macht der Gefühle* (1983), *Der Angriff der Gegenwart auf die übrige Zeit* (1985).

(Kluge und Negt 2001, 511) „Unterscheidungsvermögen" (Kluge 1975, 217) generieren sollten. Es handelt sich um eine künstlerische Praxis, welche die Narration des Realen, d. h. die Geschichte, mit abstrakten, imaginierten, unwahrscheinlichen Elementen hybridisiert, um einen Frontalangriff auf die Realität zu richten:

> Das Motiv für Realismus ist nie die Bestätigung der Wirklichkeit, sondern Protest. Ein solcher Protest drückt sich verschiedenartig aus: durch radikale Nachahmung [...], durch Ausweichen vor dem Druck der Realität [...] oder durch Angriff (‚Macht kaputt, was euch kaputt macht', aggressive Montage, Vernichtung des Gegenstandes, Klischierung des Gegners, Selbstzweifel, Darstellungsverbote, Zerstörung des Metiers, Guillotine.) [...] Eine Variante des Angriffs, der Vernichtungsreaktion, ist die gewaltsame Richtigstellung des verdrehten Verhältnisses zu den Dingen. (Kluge 1975, 217)

So komponiert Kluge seine Werke nach einer perspektivischen Umkehrung der an sich verzerrten Wirklichkeit, infolgedessen das Fiktive die Erzählung der Geschichte weiterspinnt, um eine radikale Gesellschaftskritik auf der ästhetischen Ebene zu üben. Die charakteristischen Stilmittel des antagonistischen Realismus sind dann die verfremdende Montage von historischen und fiktionalisierten Materialen und der entfremdende Kommentar zum Bild. Ein weiteres Kennzeichen von Kluges Ästhetik ist die Überschneidung von Text und Bild (vgl. u. a. Sombroek 2005; Cheon 2007), und zwar das schwebende Spiel mit intermedialen Schnitttechniken, die „das lückenhafte" (Heißenbüttel 1985, 8) ins Zentrum seiner Poetik rücken.

Schon in ihrem Frühwerk zeigt sich die Suche nach Diskontinuität als ein zentrales Merkmal von Rögglas Erzähltechnik, die im Verlauf ihrer Entwicklung eine zunehmende Aufmerksamkeit für die gekünstelte Abstraktion spezifischer Kontexte der zeitgenössischen Gesellschaft aufweist. Diesbezüglich sei auch erwähnt, dass Röggla in ihrem Spätwerk mit Oliver Grajewski zusammenarbeitet, dessen Illustrationen die Erzählsammlungen *die alarmbereiten* (2010) und *Nachsendungen* (2016) begleiten. Das Einfügen von Bildern in ihre Texte kann insofern auf den Einfluss Alexander Kluges zurückgeführt werden.

Im Gegensatz zu früheren Fällen sind die Spuren von Kluges Arbeit nicht unmittelbar in Rögglas Prosa zu finden. Seine Präsenz lässt sich in einer Art *totalen Haltung* zum Verhältnis von Erfahrung und Darstellung sehen, die Röggla selbst folgendermaßen beschreibt:

> er kann situationische züge bekommen: der versuch, die trennungen der bürgerlichen öffentlichkeit und die industrialisierung des bewusstseins zu unterlaufen, ob in der tradition des autorenfilms in seinen eigenen kinoarbeiten oder in seinen eigenen fernseharbeiten. aber er versteht das nicht nur inhaltlich-formal, sondern auch auf der ebene eines medienpolitischen engagements, das uns nicht nur einfach mehrere kulturfenster im privatfernsehen beschert hat, sondern weiter reichende folgen hat. (Röggla 2002a, o.S.)

Es geht nicht um ein bestimmtes Werk, sei es ein literarisches, ein theoretisches oder ein filmisches, sondern vielmehr um eine Stellungnahme zu dem Material, mit dem die Künstler:innen umgehen, d. h. um ein „medienpolitisches engagement", welches das Schaffen, die Methode, die Sprache leitet. Was Röggla von Kluge erbt, ist also der Blick de:r Chronist:in, welcher die Veränderungen der Gegenwart in ihrer unmittelbaren Entstehung erfasst und verarbeitet, indem sie die Substanz, aus der sie bestehen, durch den künstlerischen Akt umdeutet. In beiden Fällen ist die Verwirklichung dieses ästhetisch-politischen Programms eng mit der Beobachtung des Spannungsverhältnisses zwischen Medien und Alltag verbunden.

Schließlich soll auch hervorgehoben werden, dass es eine gewisse künstlerische Verwandtschaft zwischen der Methode der Textkomposition von Alexander Kluge und Hubert Fichte gibt: Beide hybridisieren das Dokumentarische durch Fragmentierungsverfahren, bei denen sie Fiktives untermischen. Ihr künstlerisches Agieren unterscheidet sich jedoch im Hinblick auf die Intentionen. Fichtes Idee der Montage zielt darauf ab, die Wirklichkeit in ihrer *Liveness* zu dokumentieren, um jede Art von Grenze, sei es eine soziale, kulturelle, sexuelle usw. zu transzendieren. Kluges verfremdende Gegenüberstellung von Materialen hat hingegen vor, die Verantwortung der Assoziation an die Betrachter:innen provokativ zu delegieren, um das medial-sedierte Bewusstsein des Individuums zu erwecken: „Der Film entsteht im Kopf des Zuschauers" (Kluge zit. nach Schulte 2002, o.S.). In diesem Zusammenhang nimmt Rögglas Werk eine Mittelposition ein, da ihr Schreiben versucht, die Wirklichkeit in eine Fichte'sche Echtzeit umzuschreiben, um durch die Kluge'sche Spannung die Strukturen, die das Reale konstituieren, in einem subversiven ästhetischen Akt zu decouvrieren. Diese Synthese realisiert sich innerhalb der Sprache, und zwar durch die Verwendung von Stilmitteln, die der österreichischen Literaturtradition entstammen.

4 Szeno-Graphien der Gegenwart: Das Prosawerk von Kathrin Röggla

4.1 *niemand lacht rückwärts* (1995)

Mit *niemand lacht rückwärts* debütierte Kathrin Röggla 1995 auf dem Feld der Prosa.[1] In diesem Werk präsentiert die Autorin durch die textuellen Gewebe von alltäglichen Dialogen und medialen Diskursen die dringenden Fragen ihrer Gegenwart, die im Bereich der menschlichen Beziehungen kritisch beobachtet werden, nämlich die Medialisierungsprozesse des Alltags sowie den neoliberalen Wandel der Arbeitswelt. Aus dieser Spannung resultiert eine besondere Art von Aufbruchsstimmung, die sich inhaltlich in der Suche nach einer alternativen Körperlichkeit im Stadtraum widerspiegelt.

Der Titel der Sammlung gilt zunächst als entsprechender Leitfaden: Das Bild des „rückwärts lachen" leitet den dystopischen Ton der Sammlung ein und das Subjekt „niemand" deutet sowohl auf die Entpersonalisierung des zeitgenössischen Individuums als auch auf eine unsichtbare Menschenmenge, d. h. auf eine Masse von *niemanden* hin. Beide Interpretationen lassen sofort die kritische Stellungnahme der Autorin gegenüber den Normalisierungsprozessen der westlichen Gesellschaft erkennen. Unter „Normalisierung" versteht man hier einen Komplex von Ereignissen unterschiedlicher Natur, welche auf die Wiedervereinigung Deutschlands folgten und sich direkt in der Literatursphäre niederschlugen:

> Es lässt sich also in den 1990er und 2000er Jahren von einer Normalisierung des vereinten Deutschlands im Einklang mit einer Bewältigung seiner Vergangenheit sprechen, die einher mit einer nationalen Homogenisierung nach innen, einer Erweiterung der militärischen und außenpolitischen Präsenz nach außen und der Einschränkung von Grundrechten bei gleichzeitiger Realisierung neoliberaler Reformen geht. Die Normalisierungsprozesse haben zudem zur Ausrufung neuer, ›unverkrampfter‹ Generationen geführt, in denen sich die verschiedenen diskursiven Neubestimmungen der deutschen Kultur abbilden (Ernst, 2013, 46).

Die Negation des kollektiven Bildes der Generation im Titel erweist sich also als gegenläufige Tendenz zum Kontext, den Ernst hier beschreibt, und erweist sich implizit als Anklage Rögglas gegen die Idee einer soziokulturellen Normalisierung, indem in der Sammlung das Scheitern der Kollektivität durch die Stimmen von „monadische[n] Ich-Behauptungsversuche[n]" (Meyer 2006, 179), d. h. von *unnormalisierten* Menschen porträtiert wird. Dieser Aspekt drückt sich formal in der Herstellung von pronominalen Oppositionen aus, welche die Paare „du/ich",

---

[1] Ein Teil dieser Analyse wurde in bearbeiteter Form in Coppola 2020a veröffentlicht.

„ich/wir", „ich/man" und „ich/sie" gegenüberstellen. Diese kursorische Skizze zeigt die starke Trennung des „ich" von anderen möglichen Subjektivitäten in der Sammlung – seien sie singulär, wie im Fall von „du", plural, wie im Fall von „wir" und „sie", oder sogar unbestimmt, wie im Fall der Instanz „man". Solche Gegenspieler symbolisieren die einzelnen Schichten der sozialen Sphäre, denn das „du" steht für die zwischenmenschliche Beziehung, das „wir" hingegen für die generationale Beziehung und die Pronomen „sie" und „man" wirken als textuelle Übertragung der neoliberalen Mentalität. In ihrem Zusammenhang betrachtet, bildet die Summe dieser Konterstimmen eine grenzenlose „urbane Kakophonie" (Meyer 2006, 171).

Weiterhin wird die Sammlungsnarration vom Prinzip des ‚rückwärts' reguliert, das eine besondere Art der textuellen Montage fordert. Wie oben erwähnt wurde, stellt sich das ‚rückwärts' dem kapitalistischen ‚vorwärts' im Akt des Denkens und des Erzählens kritisch gegenüber. Dadurch montiert Röggla unterschiedlichen Zeitdimensionen parallel, die die unmittelbare und die vermittelte Gegenwart darstellen. Somit erschafft die Autorin eine vorsätzliche Inszenierung der Welt, die sie den medienpropagierten Alltagsinszenierungen alternativ gegenüberstellt.

Diese Prämissen findet man direkt im Auftakt des Werkes: „alles läßt sich zweimal erzählen" (Röggla 1995, 5). Hiermit wird die Trennung zwischen einem Ereignis und seiner Schilderung thematisiert, da sich hinter diesem „zweimal" unendliche Perspektiven verbergen, um die Erfahrung darzustellen. Bereits dieser erste Satz suggeriert also das kreative Potential des ‚rückwärts' als Kompositionsprinzip, weil er die Plausibilität des gerade Erzählten explizit infrage stellt. Die Frage nach einer rückwärtsorientierten Darstellung der Wirklichkeit adressiert dann nicht nur das Problem der Form, sondern auch ihre politische Resonanz: Wenn sich im Alltag die Wirklichkeit der Erfahrung mit dieser der medialen Inszenierung vermischt, soll das dokumentarische Schreiben die Fäden der Erzählung andersherum ziehen, um eine Gegennarration zu liefern.

Was die Struktur betrifft, so ist *niemand lacht rückwärts* in fünf Sektionen gegliedert, die keinem traditionellen Handlungsstrang zugeordnet werden können. Die Autorin setzt urbane *tableaux vivants* zusammen, in denen „Stimmungbilder aus der Berliner Boheme der 90er Jahre" (Kormann 2015, 180) in Erscheinung treten. Die unterschiedlichen Szenen werden von einer einzigen räumlichen Konstellation evoziert: der Großstadt. Der Schauplatz der ganzen Sammlung ist jedoch nicht ein konkreter Ort, sondern eher eine Stadtstruktur, die als Model der *Generic City* identifiziert werden kann:

> The Generic City is what is left after large sections of urban life crossed over to cyberspace. It is a place of weak and distended sensation, few and far between emotions, discreet and mysterious like a large space lit by a bed lamp. Compared to the classical city, the Generic City is *sedated*, usually perceived from a sedentary position. Instead of concentration – simultaneous presence – in the Generic City individual "moments" are spaced far apart to create a trance of almost unnoticeable aesthetic experiences [...]. This pervasive lack of urgency and insistence acts like a potent drug; it induces a *hallucination of the normal*. (Koolhaas 1995, 1250)

Die hier von Koolhaas beschriebene Wahrnehmungsdissoziation findet man, unterschiedlich nuanciert, immer wieder im Lauf der Sammlung, wo die Rede von arbeitsuchenden Menschen, unterhaltungssuchenden Voyeur:innen und erfolgssuchenden Strohmännern ist. Was diese Figurationen gemein haben, ist ihr Dasein als Halluzinationen des Alltags, die paradoxerweise die *neue* Wirklichkeit konstituieren.

Die erste Sektion, die aus den Prosatexten *Auch Paul, springteufel, SONNENLEERE /déjà vu, Reiner Unterhaltungswert & angestrengter Mittelstand* und *Aber unter Wasser* besteht, widmet sich der oben erwähnten Spannung zwischen Prekariat und Spektakularisierung des Alltags. Die Welt der audiovisuellen Medien tritt explizit durch den Verweis auf *springteufel* auf, einen Fernsehfilm aus Jahr 1974. Das Thema des Audiovisuellen stellt somit die Frage nach den zeitgenössischen Formen von Unterhaltung, die sich, als Erfolgsrezept der Stunde, in ein sprachliches Paradigma verwandeln.

Die zweite Sektion stellt vier Variationen des Themas „tauchen" dar, die das Scheitern der Generationeninstanz evozieren, denn die Texte fokussieren sich auf die wir-Instanz. In den Titeln findet man die Wiederholung des Verbs „tauchen" mit verschiedenen Untertiteln: *halbschlaf, geisterbahn, legende, haustiere*. Diese zeichnen eine Laufbahn der psychischen Dissoziation, die sich zuerst an der Grenze zwischen Schlaf und Wachsein und dann im konkreten Raum des Hauses verortet.

Nach diesem allgemeinen Blick beschränkt sich das Forschungsfeld der Autorin auf die Trennungsdynamiken der Liebesbeziehung im Zeitalter des Spätkapitalismus, die den Kern von den Kurzgeschichten *Ein lichtdurchlässiger Kopf & ein Scheuermittel* und *strohmann* bilden.

Die vierte Sektion simuliert die lyrische Struktur der romantischen Tradition, indem sich zwei Gruppen mit jeweils drei Prosastücken am Anfang und am Ende der Sektion befinden. In der Mitte werden zwei Gedichte eingefügt, *WINTERLIED (lieselotte)* und *SOMMERLIED (laufmasche)*, die als lyrische Zwischenspiele gelten können. Neben der Struktur wird auch die romantische Motivik aufgegriffen, die jedoch aufgrund des empfindlichen Debakels der Gegenwart paradigmatisch entleert wird. Die erste Prosagruppe spielt am Morgen, wo vor dem Hintergrund der großstädtischen *Natur* das Thema des Todes mehrfach dekliniert wird, bis es in seiner aktuellen Symbolik, und zwar als das ständige ‚Am-Telefon-Sein' dargestellt wird. Die zweite Gruppe thematisiert den Topos der Nacht durch eine bildliche Sprache, die sich hauptsächlich aus körperlichen Fragmenten – Hände, Ohren und Lippen – zusammensetzt. Diese körperliche Fragmentierung spiegelt die Verdinglichung des Individuums wider, das dem Diktat des Erfolgs unterworfen ist.

Es folgen zwei Prosatexte mit den Titeln *Alice im spiegelverkehr* und *F R E A K – F R A N Z*, die sowohl als autonome und unabhängige Sektionen der Sammlung, als auch als ‚Remix' der durchgequerten Szenarien fungieren. Insbesondere *F R E A K – F R A N Z* kann man als Schlusswort-Prototyp ansehen. Dieser Aspekt wird am Ende dieses Kapitels diskutiert.

4.1.1 Kontext: Das Spektakel des Prekariats

In *niemand lacht rückwärts* beobachtet Kathrin Röggla auf der Ebene des sozialen Diskurses den wirtschaftlichen Wandel, der zu einem existentiellen Prekariat geführt hat. Die Opposition zwischen der neoliberalen Ordnung und einer unbekannten Masse von ‚niemanden' wird im Text kontrapunktisch übertragen, indem eine kollektive Sprechinstanz den Protagonist:innen droht. Diese fast anonymen Figuren scheinen hingegen in einem Drehbuch gefangen zu sein, das nur der Ich-Erzählerin bekannt ist. Somit flicht die Autorin die Schwerpunkte der Sammlung zusammen, d. h. das Prekariat und die Medialisierung des Alltags, wie es schon in *Auch Paul*, der ersten Kurzgeschichte des Werkes, direkt zu lesen ist:

> die stadt ist im argen, sagen sie, die straßen ziehen nur so vorbei, den ganzen tag lang, sagen sie, es gibt gegensätze, die passen einfach nicht ins handschuhfach und andere springen dort hinein, als wäre das die richtige veranstaltung, doch alles trifft zu, und das ist es ja, sagen sie und fragen wer macht den hunger blau, fragen sie.
> „ich bin es, ich bin es", schreit paul und setzt sich im bus neben mich. [...] jetzt sitzt er neben mir. [...]
> es ist alles so rundherum heute, sagt er in szene zwei nervös zu mir, denn seine musik war beim tabakhändler für einen moment lang stehengeblieben, jetzt treibt er sie erneut an, mit hilfe der beiden radfahrer in seiner jackentasche, die kann man sich mieten, eine mark fünfzig am tag, und sie bringen es auch wirklich, wenn man an die zukunft denkt und das tut er, bis die musik weiterläuft, sagt er zu mir im bus, doch ich bin längst weitergefahren in einem fahrstuhl diesmal. vorstellungsgespräch, das kennt man ja. (Röggla 1995, 5–6)

Die kollektive Stimme der Stadt verkörpert sich textuell in der sie-Instanz, die nachstoßend die neuen Lebensdynamiken bestimmt: Was „[sie] sagen", ist eine Summe sozialer Konstrukte, die eine hektische, auf der Popularität basierte Atmosphäre verbreiten (vgl. „andere springen dort hinein, als wäre das die richtige veranstaltung").

Paul ist hingegen ein Mensch unter Druck – wegen der Zukunft, die als die problematische Parole seiner Generation angesehen werden soll. Die Ich-Erzählerin befindet sich gleichzeitig innerhalb und außerhalb der Darstellung. Einerseits beobachtet sie das Hier und Jetzt Pauls, andererseits ist sie eigentlich beim Vorstellungsgespräch, das sich als die übliche Praxis dieser prekären Generation herausstellt. Diese Vermischung der Erzählperspektiven ist das Hauptmerkmal der rückwärtsorientierten Narration, die mit einem *coup de théâtre* alles auf einmal umdeutet.

Der erste Prosatext der Sammlung leitet also ein zentrales Thema ein, und zwar die Gestaltung eines wirtschaftsorientierten Verhältnisses zur Sprache, das man im Spannungsfeld zwischen der konstanten Arbeitssuche und dem Debord'schem Spektakel situieren kann:

> auf fünf minuten zusammengepreßt sähe seine arbeit ganz anders aus, beginnt er von neuem, er ist da nicht zu bremsen, er hat das rauschen gepachtet, das man reden nennt, die rede stellen oder zusammenschneiden, der batteriebetriebene mund usw., so sagen sie alle jetzt, alle stehen sie jetzt in ihrer sprache, und das wetter wird auch morgen vorbeikommen, das leben läuft weiter auf seiner kalten eisenstange direkt über paul, der in falschen beinen vor laufender kamera steht. (Röggla 1995, 7)

In diesem Auszug entpuppt sich diese neue sprachliche Haltung als ein anwachsender Haufen an Worten, als ein Rauschen, das man jedoch „reden nennt". Impliziert das Reden ein wechselseitiges Spiel zwischen Sprechen und Hören, so geht es hier um ein mechanisches Funktionieren der Sprache, die anhand ihrer Materialität wirtschaftlich reguliert wird. In dieser Kulisse kann man „die rede" plastisch sezieren und manipulieren, wobei diese Dynamik nicht von einem bewussten Willen abhängt, denn der Mund ist „batteriebetrieben". Darüber hinaus ist die Wahl des Verbs „pachten" hervorzuheben, das gerade auf die Idee einer ‚zu vermietenden Sprache' hinweist.

Weiterhin ist die metaphorische Suche nach einer alternativen Körperlichkeit ein wichtiges Motiv der Sammlung, das in *springteufel*, dem zweiten Prosatext der Sammlung, zuerst adressiert wird. Der Körper gilt als Einschlagsort zwischen dem schlafenden Bewusstsein des Subjekts und dem physischen und sprachlichen Raum, den die sie-Instanz verkörpert. Die fragmentierte Darstellung des Körpers verweist in der Sammlung auf die ohnmächtige Objektifizierung des zeitgenössischen Individuums gegenüber dem Markt:

> ich sitze da, weil mein körper den raum einnimmt, den er braucht, ich vergesse ihn ständig, dann schlägt er wieder zu, und ich breche mich ab. die stunden vergehen auch ohne mich – meine hände sind mir gleichgültig, ebenso ist die kopfhaut abgebunden. [...] ja, unter die haut einer arbeit schlüpfen und große augen dazu machen, [...] unter die haut einer arbeit schlüpfen, darin verschwinden, [...] alles ist beruf. (Röggla 1995, 10)

Die Arbeitswelt radiert die körperliche Dimension aus. Durch den Einfluss dieser neuen sozialen und sprachlichen Ordnung dehnt sich der Körper des Ichs eigenständig aus, als ob er ein Luftballon wäre, bis er sich in Einzelteile zerlegt. Nach der Zeile „ich breche mich ab" wird die Erzählinstanz tatsächlich in der ganzen Sammlung nur noch durch Fragmente – die Hände, die Haut, die Auge usw. – dargestellt, um die Idee einer verlorenen Ganzheit hervorzuheben. Ausgehend von diesem Verlust „[erlebt d]as Subjekt sich im dargestellten Zustand nicht als ganzheitliches Wesen. An die Stelle eines Bewusstseins für den Körper ist eine Entfremdung getreten, in der eine Verselbstständigung des Körpers im Raum erlebt wird" (Glasenapp 2017, 113). Mit anderen Worten übersetzt die Autorin hier die soziale Entfremdung der jungen Generation in Form einer räumlichen und körperlichen Zerstreuung, wo der einzige Fixpunkt die dominante Stimme der „sie-Instanz" ist. Es ist jedoch sehr interessant, dass die Rückgewinnung der Körperlichkeit durch den Erwerb einer anderen, lauteren Stimme erfolgen könnte: „wir machen einen pakt, sagst du, schlägst zu: du wirst mir beibringen, ganz ich zu sein, ich werde lernen, mich dazu zu bewegen, der länge nach werde ich dasein [...] ich werde es mir laut machen können" (Röggla 1995, 12). Dieser Auszug besitzt eine hohe symbolische Valenz, denn hiermit werden die Leitmotive der einzelnen Kurzgeschichten zum Vorschein gebracht. Als Antwort auf den Zusammenbruch der Generationeninstanz wird die Wiederherstellung eines zwischenmenschlichen Paktes vorgeschlagen: ein Ich und ein Du lernen, sich in einer von „sie sagen" dominierten Klanglandschaft Gehör zu verschaffen. Laut Allkemper „geht [es] hier nicht, [...] um eine existenzialistische Daseinsanalyse, die mit dem abstrakten Apriori ‚Sinnlosigkeit' konkretes Leben zudeckt," sondern „um eine fragmentarische Darstellung gesellschaftlicher Wirklichkeit, [...] die selbstbestimmtes Leben nicht zulässt" (2012, 419). Es liegt jedoch eine sprachliche bzw. klangliche Charakterisierung diesem Dasein zugrunde, weil die Zeilen „der länge nach werde ich dasein" und „ich werde es mir laut machen können" im steigenden Rhythmus der Prosa synonymisch wirken. Die Frage nach dem akustischen Dasein scheint also auch ontologische Implikationen zu haben, die unmittelbar die Sprache involvieren, denn Rögglas Figuren sind hauptsächlich Sprechinstanzen. In diesem Sinne kann die Ich-Erzählerin nur durch die metaphorische Aneignung einer lauteren Stimme eine neue, autonome Präsenz im Raum erreichen. Besser gesagt: Diese ‚niemande' können nur durch einen bewussten bzw. nicht schablonenhaften Sprachgebrauch ihr Dasein, d. h. ihre Stelle in der Gesellschaft, zurückgewinnen. Unter „bewusstem Sprachgebrauch" intendiert man dann einen Emanzipationsversuch vom unbestimmten „rauschen", das die Pluralinstanz „sie" erzeugt und verbreitet. Insofern kann man behaupten, dass Kathrin Röggla durch das Motiv der körperlichen Fragmentierung und durch die akustische Nuancierung der Präsenz die soziopolitischen und medialen Manipulationen des Sprachgebrauchs, sowie ihre induktive Macht, kritisch in Szene setzt.

Auf der Kompositionsebene findet man den Kern der Textkohäsion in der Reinszenierung der diskursiven Schablonen, die diese Manipulationsdynamiken aufführen, durch das Einfügen von diskursiven Loops. Jelineks Spuren folgend, spielt Röggla mit den Wiederholungen und Variationen von hypostasierten Denkmustern neoliberaler Natur, um ihre Prägnanz zu entleeren. Die Rückkehr derselben textuellen Leitmotive, nämlich des kodifizierten Alltagsdiskurses, schenkt diesem Werk eine kreisförmige Dynamik. Auf der formalen Ebene betont diese Kompositionsstrategie die potentielle Serialisierung dieses Mechanismus und hinterfragt ihn dadurch kritisch. Insbesondere zwischen den ersten und den letzten Prosastücken gibt es einige textuelle Loops, die durch die Herstellung von intertextuellen Bezügen eine ‚Teufelskreisstruktur' bilden.

Die oben erwähnte Sequenz aus *springteufel* hebt den Zusammenhang zwischen Arbeits- und Körpersphäre durch die Wiederholung des Segments „unter die haut einer arbeit schlüpfen und augen dazu machen, [...] unter die haut einer arbeit schlüpfen, darin verschwinden" hervor, das sich als Gebot der neoliberalen Gesellschaft lesen lässt. Die Differenz in der ‚Wiederholung' betont die Kraft des Arbeitsmarktes auf das Individuum, die zuerst seine Fragmentierung und schließlich sein ‚Verschwinden' bewirkt. In *F R E A K – F R A N Z*, dem letzten Prosastück, wird dieser Auszug wortwörtlich wiederholt (vgl. Röggla, 1995, 103). Darüber hinaus beweisen die letzten Zeilen in *F R E A K – F R A N Z* das Scheitern des Paktes, der in *springteufel* auf die Rückgewinnung der Ganzheit abzielte:

oh

franz,

nie

wieder werde ich ganz ich sein (Röggla 1995, 149).

Die fragmentierte Gestaltung des Layouts überträgt die definitive körperliche Auflösung der Ich-Instanz visuell, was die Irreversibilität dieses Prozesses unterstreicht. Daraus kann man schließen, dass sich die Sammlung in einer ‚Teufelskreisstruktur' entfaltet, die sich um die Dialektik zwischen Trennung und Totalität dreht. Diese formale und dramaturgische Komposition erfolgt gerade dank dem rückwärts-Prinzip, wodurch, den Titel paraphrasierend, in einer solchen Konjunktur niemand Gehör finden wird.

4.1.2 Das textuelle Prinzip des rückwärts

Die Montageverfahren sind in dieser Formfindungsphase besonders relevant, denn sie artikulieren die Idee einer rückwärtsgerichteten Narration textuell. Wie bereits erwähnt wurde, profiliert sich Rögglas Stil in *niemand lacht rückwärts* als unsystematisches Zusammensetzen von brüchigen Sprachsequenzen, welche die Kontrollmechanismen der zeitgenössischen Gesellschaft, d. h. die Arbeit und die Medien, umgestalten.

Wurde das Thema des Prekariats ins Motiv des fragmentierten Körpers übertragen, so wird die Medialisierung der Gesellschaft durch ängstliche Überwachungsszenarien gezeigt, welche die noch dunkleren Facetten des Spektakels enthüllen. Der vierte Prosatext der Sammlung, *Reiner Unterhaltungswert & angestrengter Mittelstand*, ist genau dieser Frage gewidmet, da bereits im Titel das Substantiv „Unterhaltungswert", das traditionell mit Film- und Fernsehproduktionen assoziiert wird, neben einen „Mittelstand" gestellt wird, der „angestrengt" nach einer Lebensperspektive sucht. Dieser Mittelstand besteht aus den obengenannten „Ich-Behauptungsversuche[n]" (Meyer 2006, 179), die sich mit der sozialen Anforderung, erfolgreich zu sein, konfrontieren müssen. In dieser Kulisse ist man erfolgreich durch die Akkumulation von „Unterhaltungswert". Dadurch stellt Röggla die ästhetisierte Vermarktung der Identität kritisch dar, denn das Streben nach einem erfolgreichen Leben realisiert sich zuerst in einer medialen Dimension, in der sich das Subjekt ebenso als ein mediales Konsumgut konstituieren muss.

Der Text stellt diese Themen nicht-linear nebeneinander. Die Erzählung basiert auf dem Blick der Ich-Erzählerin, welche die Bewegung von „1 frau" (Röggla, 1995, 19) beim Gang durch die Stadt beobachtet und teilweise dirigiert, als ob ihr Auge eine Kamera wäre:

> und überall ist himmel versteckt. darunter gelächter. noch gibt es regen. [...] etwas geschieht. als ob das einzige sei: variationen ungebunden auf den tisch zu legen, und was dabei herauskommt, ist nichts weiteres als menschenmenge, am ende auch noch aus der u-bahn [...] aber ein gesicht wird sich noch deutlicher ausstellen, wie das halt so ist in den filmen: man muß zusehen, daß man weiterkommt mit der geschichte, und 1 frau geht immer ab, auch in dieser erzählung wollen wir mit ihr zu tun bekommen. also langsam her mit ihr, dalli dalli, oder geht die eine jetzt nicht in dieses café und verschwindet darin, sie bleibt jedenfalls nicht draußen und tut was zur sache, die wir so schön beobachten könnten. (Röggla 1995, 19)

Durch die Anwendung eines „filmischen Stils" (vgl. Wojno-Owczarska 2013) reproduziert die Autorin eine Kamerabewegung auf doppeldeutige Weise. Handelt es sich hier um Dreharbeiten oder um eine Überwachungskamera? Die Grenzen verschwimmen: Einerseits verweist die Verwendung der Zahl „1" anstatt dem Artikel „eine" auf die Benennung der Statist:innen im Drehbuch, andererseits evoziert die iterative Verbalkonstruktion „geht immer ab" den Blick eine:r potentiellen Voyeur:in, die diese Frau ständig hinter einem Gerät verfolgt. Die Erzählinstanz befindet sich in der Mitte dieser Szene, weil das Einfügen von metadiskursiven Bemerkungen (vgl. „auch in dieser erzählung wollen wir mit ihr zu tun bekommen") den dokumentarischen Kommentarstil des Voice-Overs evoziert. Hiermit porträtiert Röggla die Durchsetzung der „Kultur der Inszenierung" (Fischer-Lichte 2002, 291), in der das Individuum nur existiert, wenn es sich durch ein Medium beobachten lässt. Im Laufe des Textes kommt dieser Aspekt immer deutlicher zum Ausdruck, bis hin zur vielfältigen Darstellung des Inversionsprinzips, nämlich des ‚rückwärts', das die Passivität des Subjekts in diesem unaufhaltsamen Beobachtungsprozess zum Vorschein bringt:

> [sie] bewegt sich auch auf uns zu, sie hat die tasche direkt vor unseren kunden auf der straße gekauft, und der mann hat gemerkt, dass sie ihre tasche hat, dass sie ihren rucksack gefaltet hat und alle äpfel und orangen ungeöffnet gelassen hat. jetzt musste sie sich nur noch um jemanden kümmern, und die tasche wäre leer. [...] doch bevor sie ganz aus dem gesichtsfeld verschwindet und wir uns schon gezwungen sehen, jetzt wirklich hart durchzugreifen, bleibt sie plötzlich stehen, holt in einer raschen bewegung den fotoapparat heraus aus ihrem rucksack, öffnet ihn und fotografiert uns, vielleicht um das foto später gegen uns verwenden zu können, [...] – allein ihr fotoapparat packt sie noch zu den äpfeln und orangen, die finger nesteln nervös am rucksackverschluß, alles deutet darauf hin, daß sie gleich verschwinden wird – jetzt wäre aktion angesagt [...] – schnell verlasse ich den platz, der als u-bahnstation ansteht, und begebe mich auf eine stundenlange suche quer durch die stadt, um sie wieder in szene setzen zu können. (nlr, 20–22)

Der erste Teil des Auszugs stellt eine zwiespältige Atmosphäre im Spannungsfeld zwischen voyeuristischem Phantasieren und Überwachungsversuchen dar. Die Erzählerin ist noch in der Mitte der Handlung, wobei noch nicht deutlich ist, ob sie die Szene dirigiert oder sie bloß beobachtet. Die Sprache reproduziert durch den Erzählmodus im Präsens und durch die Parataxe eine Plansequenz. Diese Perspektive wird aber mittels des Konjunktivs II („und die tasche wäre leer."; „jetzt wäre aktion angesagt") gleich umgestellt, denn der durch den Konjunktiv ausgedrückte Wunsch widerspricht dem affirmativen Charakter des Kommentars und leitet die Perspektive der Umkehrung ein. Hiermit wandelt sich die Erzählinstanz von einer Regisseurin zu einer Voyeurin.

In der nächsten Passage findet man den ersten ‚rückwärts-Effekt', durch den diese obsessive Suche nach der Inszenierung von fremden Existenzen als Mittel produktiver Flucht aus dem Alltag und der damit verbundenen Ausbeutung präsentiert wird. Die rekurrierende Antizipation des Finales („doch bevor sie ganz aus dem gesichtsfeld verschwindet"; „alles deutet darauf hin, daß sie gleich verschwinden wird") hebt die Signifikanz dieser Vorstellung als vergeblichen Rettungsversuch hervor, da dieses Subjekt das Leben der Anderen – nicht aber das eigene – aktiv in Szene setzt, anstatt passiv inszeniert zu werden.

Die (Re-)Präsentation dieses Subversionsversuchs, nämlich vom Objekt zum Subjekt der Inszenierung zu werden, wiederholt sich in der Prosa allerdings in Bezug auf die Figur der Frau, die den Blick der Ich-Instanz erst einmal erkennt und dann fotografiert, um sich der Kontrolle der Erzählerin zu entziehen. Diese

Rebellion kehrt die Erzählperspektive nochmals um und bewirkt somit den zweiten ‚rückwärts-Effekt': Die Ich-Erzählerin wird von der Beobachterin zur Beobachteten. So befreit sich die Figur „1 frau" vom fremden Blick, indem sie selbst zu inszenieren beginnt. Dahingehend wird der allgemeine Status des Individuums als passives Objekt fremder Beobachtung mitsamt seines Widerstandsversuchs vorgestellt.

Der explizite Verweis auf filmische Konventionen durch das Wort „aktion" bildet eine Zäsur im Text, denn danach kehrt die erzählende Instanz von der wir-Instanz wieder an die ich-Instanz zurück. Es handelt sich um eine symbolische Umkehrung, da normalerweise das Wort „aktion" den Beginn des Drehens signalisiert. In diesem Prosatext hingegen bewirkt das Wort „aktion" die Wiederherstellung der einsamen Realität der Erzählerin. Die Inversion der Grenze zwischen Realität und Darstellung ist als dritter ‚rückwärts-Effekt' anzusehen.

Daraus lässt sich entnehmen, inwiefern das Prinzip des ‚rückwärts' eine besondere Art der Montage erzeugt, welche die simultane Darstellung diverser Alltagserfahrungen „zweimal [zu] erzählen" (Röggla 1995, 5) ermöglicht.

4.1.3 Erfolgreiche Strohmänner

Wie bereits erwähnt wurde, gründet sich die rückwärts-orientierte Darstellungstechnik auf das nicht-lineare Zusammenfügen unterschiedlicher Perspektiven, das Rögglas Schreiben einen kinematischen Effekt verleiht. Durch Zeitlupen und Zeitraffer „trägt [Kathrin Röggla] [...] zur Entwicklung des literarischen ‚Filmstils' bei" (Wojno-Owczarska 2013, 357). Diese Erzählperspektive wird gleichzeitig auf einer metanarrativen Ebene explizit reflektiert, um die wirtschaftliche Medialisierung der Identität inhaltlich und formal zu kritisieren. Darauf aufbauend kann man ergänzen, dass es insbesondere in Rögglas Frühwerk nicht nur um eine Frage der Zeit-Manipulation geht, sondern auch – und vielmehr – um eine Frage der Raum-Manipulation, denn das Spiel zwischen Wirklichkeit und ihrer Inszenierung spiegelt sich in diesem zwischen Nähe und Distanz wider. Dieser Aspekt kommt im Prosastück *strohmann* besonders deutlich zum Vorschein, weil dieser auf dem raschen Wechsel von Pronomen aufgebaut wird.

Im Zentrum von *strohmann* steht die fragmentierte Erinnerung an ein Liebesverhältnis einer wir-Instanz, das sich im Verlauf der Prosa in eine ich- und eine er-Instanz aufteilt. Die Reihenfolge der einzelnen Momente ist unsystematisch – frei nach dem Prinzip des ‚rückwärts'. Demzufolge beginnt der Text mit dem Trennungsmoment des Paars, wo das „wir" schon zersplittert ist:

> gegen diesen filzstift ist kein ankommen, das stroh im kopf sitzt fest. vor langem ist da wohl ein halm nach dem anderen hineingesteckt worden, und jetzt sitzt es fest. niemand kann daran ziehen, ohne es mit einer ganzen flut an strohhalmen zu tun zu bekommen, hat er zu mir gesagt, denn das geht so wie beim mikado: du hast verloren, wenn es wackelt. und das tut es immer in deinem leben, gerät irgend etwas nur in bewegung. deswegen binden sich so viele an einem körper fest, bevor sie die sache angehen, (Röggla 1995, 44)

Die Einführung in die Geschichte antizipiert die Natur des Konfliktes durch den Rekurs auf die Mikado-Metapher, welche für die Suche nach Stabilität steht. Darüber hinaus wird durch die Ergänzung der Spiel-Perspektive die Semantik des Gewinns und Verlusts mit dem Thema ‚Stabilität' zusammengebracht. Im Laufe des Stücks spiegelt sich diese Assoziation in der Darstellung binärer Wahrnehmungen des Begriffs ‚Stabilität' wider, die von den beiden Hauptfiguren verkörpert werden. Die Ich-Erzählerin verliert das Spiel, indem sie „wackelt", während „er" in einer vorwärts-orientierten Gesellschaft zum Erfolgsmensch avanciert ist und sich als Sieger erkennt. Daraus ist zu entnehmen, dass die Trennung der Protagonist:innen in engem Zusammenhang mit den gesellschaftlichen Transformationen der Arbeitswelt steht, welche die persönlichen Beziehungen regulieren.

Darüber hinaus bringt Röggla eine weitere textuelle Schleife ein, nämlich das Konstrukt „das stroh im kopf sitzt fest", welches zur Herstellung der Textkohäsion beiträgt. Dabei muss man betonen, wie die Autorin mit der Semantik des Wortes „Stroh" spielt, nämlich zunächst im Titel, der die doppelte Valenz des Wortes „strohmann", d. h. die materielle und die metaphorische, impliziert; zweitens in der Schleife, die sich als eine Neuauslegung der Redewendung „Stroh im Kopf haben" (umgangssprachlich für „dumm sein") lesen lässt. In diesem Zusammenhang ist das Stroh, das im Kopf der er-Instanz festsitzt, als Wunsch nach Erfolg anzusehen.

Die Endung des letzten Satzes im obigen Zitat deutet die Eröffnung der Erinnerungsdimension visuell an, indem das Komma am Ende des Satzes die Linearität der Erzählung aufhebt. Auf diese Weise tritt die Erzählinstanz von der Gegenwart zurück und beginnt die Geschichte von Anfang an zu erzählen: „ich war damit beschäftigt gewesen, ein langsames papier aus der hand zu drehen, mit einer unterschriftenliste darunter, dem stempel der universität dazu, [...] während er die straßenwand entlangging. man traf sich so, machte einen termin aus (meine seite) und beschloß den besuch (seine seite)" (Röggla 1995, 44–45). An dieser Stelle der Geschichte werden die Figuren noch als getrennt präsentiert, da es sich um ihre erste Begegnung handelt. Die Protagonisten treffen sich tatsächlich zum ersten Mal im Universitätsbüro, das, als Arbeitsort, die Grammatik der Erzählung symbolisch diktiert. Obwohl die Rede von einer Liebesbeziehung ist, muss betont werden, dass die Ausdrücke „einen termin ausmachen" und „den besuch beschließen" zur Fachsprache der Arbeitswelt gehören. Diese Korrespondenz zwischen Raum, Figuren und

Sprache entwickelt sich dialektisch – und das nicht nur in Form von „Körper-Raum-Relationen" (Glasenapp 2013), sondern eher als Körper-Sprachraum-Relationen, welche die Grundlagen des szeno-graphischen Schreibens von Kathrin Röggla bilden. Unterstreicht Glasenapp, wie das Motiv des fragmentierten Körpers sich als Folge der Entpersonalisierung des Stadtraums entwickelt, so soll hinzugefügt werden, dass davon auch die Nivellierung des sprachlichen Horizonts abhängt, die zunehmend den neoliberalen Geboten unterworfen ist. Dieser Aspekt steht in diesem Werk noch im Vordergrund, wobei er gleichwohl eine Grundannahme von Rögglas Ästhetik ist, wie später in Bezug auf *Irres Wetter* (2000) ausführlich gezeigt wird. Darüber hinaus bestimmt der Marktdiskurs auch die Darstellung der Liebesbeziehung:

> wir werden ins licht gerückt: überschaubar bleiben heißt es jetzt da allerorts, schnell in ein eckinteresse hineinhüpfen denn noch könnte der markt breit genug sein, um uns zu tragen. einfach ein bisschen heile welt einreichen, der rest geschieht schon von alleine, so reden sie alle. da ist der rechtsstaat doch allen bekannt hierzulande, alle haben wir es mit ihm zu tun, und noch immer weiß niemand bescheid, noch immer wird er noch verglichen mit weitermachen, dabeibleiben.
>
> wir schweigen. [...] ich weiß nicht mehr, was dann passiert ist – gegen diesen filzstift ist kein ankommen, das stroh im kopf sitzt fest, hat er jedenfalls dann gesagt, [...] und auch ich habe einen erfolgsmenschen zwischen meinen augen stehen, die nie zusammengeschickt werden, die bleiben schon auseinandergehalten in zwei seiten – (Röggla 1995, 45–47)

Das Paradigma des ‚Unterhaltungswert-Menschen' hat die Sprache der er-Instanz völlig affiziert, da er sich nur durch etablierte Sprachkodierungen („überschaubar bleiben;" „schnell in ein eckinteresse hineinknüpfen;" „der rest geschieht schon von alleine") ausdrückt, die das Modell der wirtschaftlichen Effizienz auf die Sphäre der Liebe übertragen. Diese ‚turbokapitalistische' Vorstellung vom Konzept ‚Stabilität' wird in den männlichen Protagonisten von der kollektiven Instanz „sie alle" generiert, die das Modell der neoliberalen Sozialität in Rögglas Text verkörpert.

An diesem Punkt ist interessant zu beobachten, wie das Spiel mit den Pronomen die Beziehungsentwicklung performiert. Im ersten Auszug präsentiert die Erzählerin die Opposition zwischen der weiblichen Instanz (‚ich') und der männlichen (‚er'), die vor der Trennung als ein ‚wir' definiert wurden. Der letzte Moment, in dem die Erzählerin im Plural spricht, beschreibt die gemeinsame Stille der Sprechfiguren („wir schweigen"), die das Scheitern der Beziehung abbildet. Der Kollaps des Plurals inszeniert die Folge der Marktgesetze, die lieber nur singuläre Identitäten ‚tragen'. Die Trennung des Paares fungiert demnach als Symbol für die soziale Vereinsamung im Zeitalter des Neoliberalismus.

Die Zeitmanipulation, durch die rückwärts-orientierte Montage produziert, zielt dann auf die zunehmende räumliche Entfernung der männlichen Instanz, die, „in zwei seiten" gespalten, in der Unschärfe endet: „wegen der tiefenschärfe, so erklärte ich ihm noch, nichts aber habe ich ihm zu erzählen vermocht vom raum der heuschrecke in ihnen, und wie sie zuschlagen kann, betritt man ihn, doch schon war es zu spät." (Röggla 1995, 47). In dieser Passage erzählt die weibliche Instanz vom letzten, aber zu spät kommenden Versuch, die Liebesbeziehung zu retten. Das Scheitern dieses Rettungsversuchs deutet darauf hin, dass die Verwandlung der er-Figur in einen Strohmann des neoliberalen Systems durch die vom Raum bewirkte sprachliche Indoktrination bereits stattgefunden hat. Hierzu ist anzumerken, dass sich das Motiv des „Strohmanns" mit dem des „Unterhaltungswert-Menschen" deckt. Beide sind Deklinationen eines sozialen Musters, an das man sich anpassen muss, um in der Gegenwart zu überleben.

Wie im Fall des Auftaktes, bewirkt die Montage eine dissonante zeiträumliche Nebeneinanderstellung, infolge derer auf das Hier und Jetzt der Trennung („doch schon es war zu spät") unmittelbar das Hier und Jetzt des Rettungsversuchs folgt. Diese Sequenz ist als Bericht aufgebaut (vgl. auch „so erklärte ich ihm noch") und könnte auch deswegen als Nebeneinanderstellung von Zoom-In und Zoom-Out-Effekten gelesen werden, weil die Leser:innen dank der ununterbrochenen direkten Rede zusammen mit der Ich-Erzählerin zwischen der Vergangenheit und der Gegenwart hin- und herspringen.

Weiterhin ist die Antizipation eines zentralen Motivs des späteren Werks von Kathrin Röggla nachdrücklich zu bemerken, und zwar das der Katastrophensemantik. In der Warnung (vgl. „raum der heuschrecke in ihnen, und wie sie zuschlagen kann") verwendet die Autorin die biblische Metapher der Heuschrecken, die das textuelle Konstrukt ‚sie alle' symbolisiert. Das apokalyptische Motiv verweist auf die Bedrohung einer möglichen zukünftigen Katastrophe, welche in diesem Werk zunächst nur angedeutet wird.

4.1.4 Ein Schlusswort-Prototyp: *F R E A K – F R A N Z*

In *niemand lacht rückwärts* befindet sich Röggla also in einer höchst experimentellen Phase der Formfindung. Trotz der stilistischen Diskontinuität kann man jedoch diejenigen Kerne erkennen, die später Rögglas Stil charakterisieren werden. Neben der Montage und den ersten Verschiebungsversuchen des sozialen Diskurses gibt es außerdem einen Schlusswort-Prototyp. Im letzten Prosatext der Sammlung berichtet die Erzählerin Franz, einem stummen Empfänger, von ihrer progressiven Bewusstwerdung der Entpersonalisierungsdynamiken, die im Verlauf der Sammlung verschiedenartig dekliniert wurden. Hier kehrt die grundlegende Motivik des Werkes wieder, und zwar der vergebliche Versuch, sich „laut zu machen" (Röggla 1995, 12), um sich der körperlichen Auflösung widerzusetzen. Röggla versucht also die einzelnen Fäden dieser urbanen Gewebe zusammenzuziehen, um mögliche Dekonstruktionsverfahren der halluzinativen Haltung in der ‚generischen Stadt' darzustellen. Es ist gerade dieses Ziel, durch das sich dieser letzte Prosatext trotz seines unorganischen Charakters als Schlusswort-Prototyp identifizieren lässt.

Im Einklang damit beginnt *F R E A K – F R A N Z* mit der Beschreibung einer indoktrinierten Routine, die ein arbeitszentriertes Leben darstellt: „und schon sitze ich bei der arbeit, lege zuerst noch hand an mein äußeres, dann ticke ich los, tippe zahlenkolonnen in den nächstbesten computer, ich bin dazu mit der regeln versehen" (Röggla 1995, 95). Der Satz „ich bin dazu mit der regeln versehen" weist eine falsche Zufriedenheit auf, die im Verlauf der Prosa drastisch dekonstruiert wird. Die erste Schwankung in dieser Balance wird durch eine Zäsur im Text grafisch dargestellt:

> nein, franz, es handelt sich nicht um die straßenbahn, es ist die raummaschine, die eine luft entwirft und menschen ab damit spritzt. [...] wirklich, franz, allmählich beginne ich zu begreifen, wie das ganze hier gedacht ist: du kommst herein und dann steckst du fest, tief im kaufhaus steckst du fest und trägst du sachen zu boden. immer reißt du etwas mit, wenn du vorbei gehst, und mußt es dann kaufen, nie aber landest du wirklich bei einem gültigen ausgang. (Röggla 1995, 97–101)

Die Umkehrung der Ausrichtung des Textes signalisiert einen geistigen Kurswechsel, infolgedessen die Wirklichkeit nicht mehr bloß akzeptiert wird. Das Bild der „raummaschine" metaphorisiert die Idee einer Stadt in unaufhaltsamer Bewegung, wo das Leben ihrer Einwohner:innen ausschließlich zwischen Arbeit und Konsum pendelt, wobei diese aber nie „wirklich bei einem gültigen ausgang [landen]". Im Gegensatz zum vorherigen Auszug trägt die Vehemenz dieser Passage zur sprachlichen Dekonstruktion des Effizienz-Models bei. Im Verlauf der Prosa wird auch die Teufelskreis-Struktur des Werkes deutlicher, da diejenigen Konstrukte aus der Prosa *springteufel* wiederkehren, die das Verschwinden des Körpers thematisieren:

> so war ich leise und übriggeblieben.
>
> unter die haut einer arbeit schlüpfen und große augen machen, das macht die ganze wut aus, die man sich heute noch gönnen darf, unter die haut einer arbeit schlüpfen, darin verschwinden und dann ganz plötzlich zuschlagen, alles mit einem schlag aufessen und dabei sich nicht umschauen.
>
> doch so weit kam ich nie, nie war ich dabei, als sich das ganze umkehrte. (Röggla 1995, 103)

Die textuellen Loops tragen Rögglas Kritik am neoliberalen Arbeitssystem, das die Individuen in „leise" und „übriggbliebene" Wesen verwandelt. Dem Adjektiv „leise" setzt sich der Wunsch eines akustischen Daseins entgegen, was die Textkohärenz des Werkes verstärkt (vgl. „ich werde lernen, mich dazu zu bewegen, der länge nach werde ich dasein [...] ich werde es mir laut machen können" Röggla 1995, 12). Auch in diesem Fall erweist sich die körperliche Fragmentierung als Wirkung des von der sie-Instanz produzierten Rauschens, das man – wie zuvor erwähnt wurde – „reden nennt" (Röggla 1995, 7). Somit kehrt auch das Pronomen-Spiel in diesem Schlusswort-Prototyp wieder.

Trotz der Rückkehr der zentralen Motive der Sammlung fährt jedoch die Ich-Erzählerin in ihrem Bewusstwerdungsprozess fort. Dieser Aspekt wird noch einmal durch die Umkehrung der Ausrichtung des Textes signalisiert: „doch so weit kam ich nie". Je näher das Ende der Prosa rückt, desto häufiger werden diese Umkehrungen des Textes, um einen zunehmenden Kurzschluss in der Wahrnehmung des Ichs zu markieren. Visuell betrachtet, porträtieren solche Bruchstücke auch den physischen Zerfall der Erzählinstanz, mit dem der Text endet. Eine der letzten Szenen dieses Memoires spielt in einem Krankenhaus, wo die kollektive Instanz „sie alle" das medizinische Personal verkörpert:

> mein geschlossenes herz war doch keine anstalt, und dennoch bauten sie mich aus, sie hatten mir lange
>
> strecken (venen) verkauft,
>
> die setzen sie an und bauten meinen körper aus, damit er mehr gewicht bekäme. an allen ecken und enden hingen schnüre und gerätschaften an, mit denen mir doch nicht die zeit vertrieben wurde. [...]
> oh
>   franz,   nie
> wieder werde ich ganz ich sein. [...]
> sie
> hatten mich zu ende operiert. sie hatten mich zu ende operiert und etwas war von mir hängengeblieben. [...]
> franz, was sollte ich so gliederlos noch machen, schon stand mir die falsche augenfarbe ins gesicht geschrieben, mein blindes haar stimmte auch nicht mehr, ein abnehmbares muster von meiner seite war ich geworden, so kann man sicherlich noch immer in dem formular lesen, das sie ausfüllen mußten. sie hatten aus mir eine strecke gemacht und mich daraus abgelöst, doch irgendwann ist jeder tod vorbei, und dann heißt es gegenwart einreichen, aber was hat man im übrigen nicht im leben verloren, wenn es so fort ist – (Röggla 1995, 148–153)

Die bedrohende Macht der Figur „sie" äußert sich hier nicht mehr nur auf Ebene des hegemonialen Diskurses, sondern in einer Gewalttat, welche die Ich-Erzählerin in „ein abnehmbares muster" ihrer selbst verwandelt. Die Szenerie des Krankenhauses überschneidet sich durch das Bild der Schnur mit der der Marionetten („an allen ecken und enden hingen schnüre und gerätschaften an"), die gleichzeitig die Metapher des Strohmanns hervorruft. Das definitive Scheitern des Wunsches nach einem ‚ganzen' Dasein nimmt die Gestalt eines zersplitterten Körpers an, indem alle Körperteile der Ich-Erzählerin „falsch" und unzusammenhängend sind. Alle diese Bilder deuten auf die Semantik der Künstlichkeit hin, die in dieser Kulisse als letztendliches Ziel des Erfolgsmenschen-Musters gilt. Im Einklang damit fällt das Erreichen der Gegenwart mit dem Tod zusammen.

Daraus lässt sich schließen, dass sich *niemand lacht rückwärts* als eine Dystopie definieren lässt, welche die Schattenseite einer vorwärts-orientierten Gesellschaft paradigmatisch darstellt. In diesem labyrinthischen Werk stößt man auf einen noch unscharfen Umgang mit Formen und Argumenten, welche die zukünftige Entwicklung Kathrin Rögglas erahnen lassen. Die Reflexion über das Hier und Jetzt fußt im Prinzip des ‚rückwärts', das die Strategie der Montage bestimmt, und im Spiel mit den Pronomen, mithilfe derer die Autorin die raumzeitliche Konstellation der ‚generischen Stadt' manipuliert. Hierbei überschneiden sich die narrative und die metanarrative Ebene des Werkes. Die Formel ‚alles läßt sich zweimal erzählen' gilt also als erstes Manifest des szeno-graphischen Realismus von Kathrin Röggla.

4.2 *Abrauschen* (1997)

Das zweite Prosawerk Kathrin Rögglas ist ein Unikat in ihrem Œvre, denn *Abrauschen* ist ein Roman, in dem die Autorin ihre Formfindungsversuche mit der dringenden Frage nach der Zukunft ihrer Generation auf einzigartige Weise zusammenwebt.[2] Neben der kritischen Beobachtung und Reinszenierung des neoliberalen Diskurses stellt Röggla das Thema des Generationenkonfliktes ins Zentrum dieses Romans. Dieser Aspekt nimmt durch den brisanten Sprachwitz Rögglas die Gestalt zweier polarisierter sozialer Gruppen an. Auf der einen Seite stehen die „ottonormalverbraucher [...] aufgespießte schmetterlinge, die [...] ohnehin in ihren büros und lagerhallen" sind (Röggla 1997, 13). Mit anderen Worten handelt es sich sowohl um diejenigen, die das geltende System aufgebaut haben, d. h. die ‚Vätergeneration', als auch diejenigen, die sich tagtäglich der neoliberalen Arbeitserpressung beugen. Ihnen gegenüber stellt die Autorin ihre „erbsengeneration":

> doch wir sind nicht die erbengeneration, fiel mir plötzlich ein, die erbengeneration ohne zweifel, so sagen sie doch alle immer, die erbsengeneration und nichts anderes, ansosten wird ja dichtgemacht rundum, man kann das hören, man kann das sehen, nur die eltern sind steinreich und wissen noch am rädchen zu drehen, während den jungen nichts übrigbleibt, als des weges zu kollern. (Röggla 1997, 14)

---

2 Ein Teil dieser Analyse wurde in bearbeiteter Form in Coppola 2022b veröffentlicht.

Durch die „sprachliche Überdrehung" (Allkemper 2012, 419) des Substantivs „erbengeneration" in „erbsengeneration" kehrt die Autorin eine abschätzig nuancierte Bezeichnung für ihre Generation um. Im Gegensatz zur „erbengeneration", die ein statisches Bild liefert, hebt das Substantiv „erbsengeneration" die Entwicklungsperspektive der Jungen hervor. Diese Verschiebungs- und Verdoppelungsverfahren innerhalb der Sprache konstituieren den Kern der späteren Sprachkritik Rögglas und sind schon in dieser Formfindungsphase erkennbar (vgl. dazu auch Parr 2019, 260).

Darüber hinaus weist das Thema des Generationenkonfliktes auch einen starken selbstreflexiven Charakter im Roman auf. *Abrauschen* spielt zwischen Salzburg und Berlin, zwei für die Schriftstellerin bedeutende Städte. Dem szeno-graphischen Prinzip folgend, klingt jede Stadt im Text anders, d. h. jede erzeugt eine besondere Erzählart, die ein sprachräumliches Szenarium aufbaut. Durch die Montage kollidieren jedoch die Szenen miteinander, bis zur Schöpfung einer homologisierten Klanglandschaft, was wiederum die fortschreitende Dominanz des neoliberalen Diskurses dokumentiert und kritisiert. Obwohl der Verlauf der Handlung ziemlich linear ist, wird der Szenenwechsel zwischen den beiden Schauplätzen im Inhaltsverzeichnis nicht angegeben, gerade um ihre spätere Sprachkollision zu verstärken.

Weiterhin muss betont werden, dass man den Begriff der „Väter" nicht nur in Zusammenhang mit der älteren Generation der „ottonormalverbraucher", sondern auch mit dem oben dargestellten Repertoire an literarischen Vorbildern lesen kann. Dementsprechend ist die Aufbruchstimmung bzw. der Unabhängigkeitswille, der den Roman kennzeichnet, sowohl mit den Generationsfragen als auch mit dem extradiegetischen Bewusstwerdungsprozess der Schriftstellerin zu assoziieren. In Bezug auf die Entwicklung einer Poetik des Stotterns erkennt Allkemper im Frühwerk Rögglas „ein tiefes erzählerisches Misstrauen gegenüber übersichtlich geworden Erzählfäden", die sich in einem „Verzicht auf Momente traditioneller Narration, chronologisches Erzählen, geschlossene Handlungsstrategien und Charaktere" entfaltet (2012, 420). Diese Behauptung gilt insbesondere für den Roman *Abrauschen* – gerade aufgrund seiner starken Selbstreflexivität. In der Tat verdeutlicht sich dieser Aspekt schon in Romanauftakt:

> mein vater war ein gartenzwerg, d. h. zwerg ist das falsche wort, aber immerhin, man kann was damit anfangen. [...] die vielen geschichten, die er dabei erzählte, hatten einen guten griff für die realität, sie weiterzuspinnen, ist jetzt an mir kleben geblieben (Röggla 1997, 7).

Die Vaterfigur wird zuerst durch eine realistische Erzählfähigkeit charakterisiert. Was der erzählenden Instanz von diesem Erbe bleibt, ist der Wunsch, die Realität „weiterzuspinnen", und die Grenzen dieser Erzählpraxis zu überwinden. Darauf aufbauend kann dieser Drang der Ich-Erzählerin aus der diegetischen Dimension des Werkes herausgehoben und infolgedessen als Streben der Autorin selbst nach der Überwindung ihrer literarischen Vorbilder angesehen werden. Einerseits wird die Vater-Figur durch die Metapher des Gartenzwergs dargestellt, welche für eine Synekdoche der peripherischen Landschaft Österreichs – und in weiteren Schritten der österreichischen Literaturtradition – stehen könnte. Andererseits kann man im Ausdruck „einen guten griff für die realität haben" die Grundlage von Alexander Kluges antagonistischem Realismus erkennen. Demzufolge verbirgt sich in *Abrauschen* hinter der Figur des Vaters auch eine Pluralität an literarischen Autoritäten, in der Kathrin Röggla ihre eigene bzw. autonome Stelle einnimmt.

Die hier vorgeschlagene Lesart von *Abrauschen* untersucht also zwei Ebenen: Auf einer Seite rekonstruiert sie Rögglas szeno-graphische Darstellung zweier Universen, d. h. der Metropole Berlin und der österreichischen Provinz an der Schwelle zum neuen Jahrtausend, durch die Analyse ihrer distinktiven Stilmerkmale. Auf der anderen wird versucht, die selbstreflexive Komponente des Romans ausführlich zu zeigen.

4.2.1 Kontext: Metropole vor- und rückwärts

Auf der dramaturgischen Ebene spielt die Akustik eine entscheidende Rolle, die schon im Titel zu beobachten ist, da auch in diesem Fall das Rauschen in Zentrum steht. Galt das Geräusch in *niemand lacht rückwärts* als zunehmendes Diktat der Siegermentalität, so bezeichnet es hier die Entfernung eines Klangs, was unmittelbar ans Motiv der Flucht erinnert. Tatsächlich beginnt der Roman mit dem Umzug der Protagonistin von Berlin nach Salzburg infolge eines Hörtraumas:

> aber angefangen hat es ja eigentlich damit, daß mir der walkman flöten ging, das war vor einer woche, das er, kaum sah ich einmal hin, auch schon weggeklaut war, und ich plötzlich haut an haut mit der welt alles mitanhören mußte, auf einmal der kontakt. [...] ich mußte raus aus dieser stadt, soviel war sicher! [...] in diesen tagen ist ja jedes untier vorstellbar geworden, das plötzlich in die stadt einbricht und dasteht hundert meter hoch, die leute heben kurz an ihren köpfen, atmen an und schon wieder ist etwas zur gewohnheit geworden. warum nicht einfach eine plastikplane über das ganze werfen, sich dann umdrehen und weggehen: ja, warum nicht wirklich abhauen? (Röggla 1997, 8–13).

Der Walkman-Diebstahl hat symbolischen Wert, da die daraus resultierende plötzliche Stille die Lebensfiktion der Ich-Erzählerin entlarvt. Er lässt sie unerwartet in Kontakt mit der Wirklichkeit Berlins an der Schwelle zur Globalisierung treten. Diese neue Wirklichkeit zeigt ihre neoliberale Fratze etwa in massiver Bautätigkeit und in der Durchsetzung einer konsumgerichteten Mentalität, die den Kern von *niemand lacht rückwärts* konstituiert. Das Hinter-sich-Lassen der Gegenwart Berlins verweist also auf die Entfremdung des zeitgenössischen Subjektes – ein zentrales Thema in dieser Phase von Rögglas Werk. Diese Distanz zum eigenen

Leben bringt die Figuren Rögglas dazu, ihre eigenen ‚Fiktionen des Überlebens' zu entwickeln, um sich der Neurose zu entziehen. Aus diesem Grund benötigt die Ich-Erzählerin in *Abrauschen* eine Zeit außerhalb der Zeit, und zwar eine Zeit, in der Traumata verarbeitet werden können, um sich mit der Gegenwart zu versöhnen. Insofern nimmt die Stadt Salzburg die Gestalt eines metaphysischen Gedächtnisortes an, in dem alternative Lebensmöglichkeiten probiert werden können.

Dort konfrontiert sich die Erzählinstanz mit ihren Erinnerungen. Diese tauchen nicht chronologisch auf, verschmelzen mit der Gegenwart und rauschen dann, dem Titel folgend, ab. Mit anderen Worten sind die Salzburg-Passagen des Romans nach dem Motto „was wäre, wenn" aufgebaut: Figuren aus der Vergangenheit kehren als Gespenster zurück, so als ob die Protagonistin nie nach Berlin umgezogen wäre und ihr Leben in der ruhigen Stadt verbracht hätte. Eine solche ‚gespenstische' Figur ist etwa „jo", der im Verlauf des Salzburg-Aufenthaltes ein Gefährte der Ich-Erzählerin wird, wobei sich sein Wesen ‚vergegenwärtigter Reminiszenz' erst am Ende des Romans offenbart:

> keine spur mehr von jo, sicher, die uhr tickt, aber keine spur mehr von jo, sicher, der kleine liest, aber jo ist weg.- wo ist jo?- der hat gepackt und ist gegangen. [...] wir haben kaum noch miteinander gesprochen in letzter zeit. ist er also zurückgekehrt in sein elternhaus. manchmal sehe ich ihn jetzt noch bei der teppichstange stehen, oder er sitzt wieder auf seinem mountainbike, [...] er ist jetzt wieder 16. (Röggla 1997, 108)

In *Abrauschen* schwankt die Ich-Erzählerin also mit der Figur *des kleinen*, welche die Rolle ihrer Konterstimme spielt, zwischen den Polen Berlin und Salzburg. Ihr Versöhnungsprozess endet mit der Erkenntnis, dass die gleiche Dynamik, welche die Flucht aus Berlin verursacht hat, d. h. die Globalisierung, auch in Salzburg herrscht. Wie im dritten Abschnitt dieses Kapitels gezeigt wird, ist es die Sprache selbst, die diese Erkenntnis beweist.

An dieser Stelle ist es wichtig zu unterstreichen, wie eine Erzählperspektive, die programmatisch zwischen Erlebnis und Gedächtnis schwankt, auf dem rückwärts-Prinzip fußt, denn der Roman versteht sich als vergeblicher Versuch, sich der globalisierten Gegenwart zu entziehen. Das rückwärts-Prinzip dient dabei dem konstanten Wechsel des Standortes, der Zeitlichkeit, des Alltags. Obwohl Röggla nie explizit von einem bestimmten Kompositionsprinzip in ihrer Poetologie spricht, finden sich im Roman Hinweise auf eine Rotations- und Verdoppelungsdynamik der Alltagswahrnehmung, die in Kontinuität mit dem Motto „alles lässt sich zweimal erzählen" (Röggla 1995, 5) gesetzt und hierdurch als metadiskursive Komponenten ihres Schreibens identifiziert werden können:

> die tage sehnen sich nach einzahl, und was geben wir ihnen: die pure verdoppelung, das pure hintereinander, und das geht so im rotationsprinzip, immer muss einer da sein, und

> der andere hat dann frei, das geht im raschen wechsel, dabei werden die krankenhosen immer schneller, und irgendwann sind sie dann vorbei. [...] überhaupt geht jetzt alles wieder rückwärts: schon glotzt sie mich wieder an, die normalität, die man sich so ausbaut zu einer ungeheueren seifenblase, die einen mit der zeit gegen die wand drückt: [...] und plötzlich wird es mir bewußt: ich habe heimweh nach berlin. (Röggla 1997, 108–109)

Der unaufhaltsame Lauf der Tage, der im ersten Teil dieses Auszugs beschrieben wird, wird im zweiten Teil unterbrochen und umgedreht. Auch *Abrauschen* wurde dementsprechend nach einer ‚Teufelskreisstruktur' komponiert, da der Abfahrts- und der Ankunftsort der Ich-Erzählerin in der Stadt Berlin zusammenfallen. Wie in Bezug auf *niemand lacht rückwärts* erwähnt wurde, bestimmt dieses Kompositionsprinzip die Montageverfahren. Auf diesen Aspekt konzentriert sich jedoch der folgende Absatz. Was im Folgenden nachdrücklich bemerkt werden soll, ist die zentrale Rolle dieser Darstellungsart des Realen im Frühwerk Rögglas, die in dieser Studie durch das Bild des rückwärts definiert wird.

4.2.2 Kollidierende Sprachräume zweier Generationen: die Montagestrategie

Die Teufelskreisstruktur von *Abrauschen* entfaltet sich in der Schöpfung zweier Sprachräume, Berlin und Salzburg. Diese unterscheiden sich rhythmisch voneinander, denn der Roman simuliert die asymmetrische Ausdehnung der Zeit im Akt der Erinnerung. Trotz des durch die Montage geforderten raschen Sprungs zwischen diesen Szenen orientiert man sich in der Prosa dank der Erkennbarkeit des städtischen Rhythmus im Gegensatz zur Langsamkeit der Salzburg-Narration. Diese Differenz in der Zeitlichkeit wird auch auf der diegetischen Ebene explizit thematisiert:

> »und was machen wir jetzt hier« über alles nachdenken, und in der zwischenzeit kann ausgeräumt werden, habe ich mir gedacht. [...]
> »und was machen wir jetzt hier« aufwachsen, du für deinen teil, sage ich, du weißt ja. – und danach? – darauf fällt mir keine antwort ein: weiß nicht, weitermachen, wie bisher.
> in irgendein fahrwasser kommen, soll auch nicht schlecht sein, hat karl noch von ein paar tagen vorgeschlagen und hat dann wieder von etwas anderem weitergeredet, da saß er in seiner kreuzberger wohnung wie ein falscher fuffziger und drohte seit neuestem inmitten von hausfrauen mit angezogenen handbremsen verlorenzugehen, im emaillächeln der jüngeren, und die männer im betriebslook tauchten um ihn auf, an allen ecken und enden zogen die plötzlich ihre handys groß. daneben die häuser, früher eindeutig farbig, seien alle wie eingestampft, mehlweiß hängen sie plötzlich dem himmel entgegen, wo vorher noch was zu sehen war. (Röggla 1997, 19–23)

Die Frage des kleinen unterbricht die meditative Stille der Ich-Erzählerin gleich zweimal und durch die direkte Rede auch visuell. Die Wiederholung der Frage-Antwort-Sequenz in bearbeiteter Form baut eine Assoziationskette auf, die das Motiv Österreichs als metaphysischer Ort des Erinnerns bestätigt. Im ersten Teil wirken die Verben „nachdenken" und „aufräumen" als Synonyme. Hiermit wird eine mentale Aktivität zum etwas Plastischem. Weiterhin verbindet sich das Nachdenken durch die Wiederholung mit dem „aufwachsen", das *Abrauschen* den Anschein einer Art ‚umgekehrten Bildungsromans' verleiht, in dem die Protagonistin nicht in ihrer fortschreitenden Entwicklung sondern im rückwärtsgerichteten Nachdenken über ihr Leben beobachtet wird. Diese Lektüre steht in engem Zusammenhang mit der Hypothese des selbstreflexiven Charakters des Romans, infolgedessen die Figur des „Vaters" in einer metaliterarischen Perspektive problematisiert wird. Es gilt, den Charakter *karls* unter diesem Gesichtspunkt genauer zu betrachten.

Der Rückkehr in die Stadt wird im Text nicht signalisiert. Die Leser:innen befinden sich also plötzlich in der Wohnung einer neuen Figur: karl. Der Ortswechsel ist in der Tat ein Registerwechsel, denn das Schreiben wird drängender, wie es bereits im Auftakt war, und die deutsche Sprache vermischt sich mit der englischen, um die sprachliche Tendenz Berlins zu reproduzieren. Dieser Szenenwechsel dient dazu, die anachronistische Stelle karls zu suggerieren: er sitzt als „falscher fuffziger" zu Hause, getrennt von einer Außenwelt, die von den „emaillächen" der neuesten Generation und Männern im „betriebslook" bevölkert ist. Er hingegen ist der Träger der Vergangenheit West-Berlins, „wo vorher noch was zu sehen war". Die karl-Figur wird also als Wrack einer mythischen Vergangenheit ambivalent charakterisiert: einerseits passt er nicht zur Gegenwart, andererseits bewahrt er den Reiz einer verlorenen Authentizität. In dieser Kluft steckt der Kern eines unüberbrückbaren Generationenkonflikts, den Röggla in die Sprachdimension tradiert:

> jedenfalls mußte es so gegen zwei uhr nacht gewesen sein, da hat mir vom vormauerfallberlin erzählt, vom wehrdienstfluchtberlin, rolfdieterbrinkmann-, bakuninberlin, otto sander-, bloß nicht ostenberlin, camus-»der fremde«-berlin und marx ohne filter-, »es atmet, wärmt, ißt. es scheißt, es fickt«-berlin, durch die köpfe schießt italien-berlin – ist einfach nicht an einer telefonschnur entlang zu behandeln, man muß immer durch es durch-berlin. (Röggla 1997, 25)

Die Erzählung karls über das getrennte Berlin wird durch indirekte Zitate wiedergegeben und zeigt einen parodistischen Charakter. Sein Stil ahmt die postmoderne literarische Tradition nach, indem er aus einer hektischen Assoziationskette und entfremdenden Wortbildungen besteht. Diese Art des Schreibens ruft auch inhaltlich die Vertreter dieses historischen Moments auf, die, so aufgelistet, ihres damaligen Wertes verlieren, da sie als bloße Etikette präsentiert werden. Somit wird die Unwirksamkeit dessen betont, was die Figur karl verkörpert, da dieses Erzählformat nicht mehr die aktuelle Realität Berlins trifft, auch wenn es noch ein mögliches ‚Drehbuch' für die diskursive Inszenierung der Stadt konstituiert. Genau wie er sind seine Stilmerkmale nicht mehr adäquat, um den aktuellen Zustand der Metropole zu repräsentieren. Rögglas „Misstrauen" (Allkemper 2012, 420) wird in der folgenden Sequenz noch deutlicher:

> – kannst du mir geld leihen? fragte ich automatisch, sah weiter dem bücherregal zu, sah marx, weiss, bakunin, camus, brinkmann, den kursbüchern, lowry, pynchon, deleuze zu, wie sie im bücherregal standen, ich zählte, marx, weiss, bakunin, camus, brinkmann, den kursbüchern, lowry, pynchon, deleuze, dann ging ich zur nächsten reihe über, plötzlich zückte ich meine pistole, er saß noch immer auf der couch: »schön wohntse da« schoß ich – naja, sagte er noch und sank in das spielplatz-tief des viertels: also gut wieviel brauchst du?
>
> ja, karl hat mir das in den kopf gesetzt mit den gartenzwergen der kindheit, die wie punkte in der landschaft auftauchen und dann wieder verschwinden, als straßenschilder, als tafeln. (Röggla 1997, 26–27)

Wie zuvor bereits bemerkt wurde, ist es auch hier wieder die direkte Rede, die den Erzählfluss unterbricht. Die Frage der Ich-Erzählerin bewirkt einen neuen Registerwechsel, der die Protagonistin zum Hier-und-Jetzt Berlins zurückbringt, wo Geld das dringende Thema ist. Die neue Wirklichkeit Berlins zeigt sich auch in der Verwandlung der früher erwähnten Figuren in Büchern, was – im Einklang mit der Ambivalenz von karl – sowohl ihre Prägnanz als auch das Ende ihrer Zeit beleuchtet. Davon ausgehend stellt die Pulp-Episode der Pistole die Notwendigkeit fest, ihre eigenen Idole zu überwinden. In diesem Sinne überzeugt der Gedanke, dass *Abrauschen* ein Roman ist, in dem die Autorin ihre Erzählautonomie auf einer metaliterarischen Ebene verlangt. Die Wiederkehr der Metapher der Gartenzwerge, mit der Röggla den Roman eröffnet hat, bekräftigt diese Hypothese, denn dadurch erweitert sich die Vater-Figur auf ein breiteres, extradiegetisches Feld. Man darf auch nicht unerwähnt lassen, dass – obwohl der Autonomiewunsch sehr stark ausgedrückt wird – er trotzdem als Standort bzw. Ausgangslage konzipiert ist. Gerade die letzten Zeilen des Auszugs liefern eine bewegliche Perspektive, auf der diese Gartenzwerge als Straßenschilder langsam übergangen werden.

Neben der inhaltlichen und formalen Bearbeitung des Generationenkonflikts bieten sich die karl-Sequenzen als Beispiel für die Montagestrategien in *Abrauschen*, die sich hauptsächlich auf die Modulation der Sprache gründen. Rhapsodisch ineinander verwickelt, bleiben die Berliner und die Salzburger Szeno-Graphien trotzdem sichtbar und erkennbar. Dabei ist es interessant zu sehen, wie Röggla diesen Kunstgriff gerade deshalb anlegt, um ihn im Laufe der Prosa zu dekonstruieren:

> fängt ja der ernst des lebens wieder an, fängt er an, hat mich auch die frau am arbeitsamt informiert, denn immer nur erschöpft sein von nichts, das kann nicht sein, auch muß es

> wohl am jobben liegen, daß ich um 21.30 bereits topmüde, die knopfgestalten nicht aus den finger kriege, die ich die ganze zeit über gezählt hatte: inventur. [...] und ich frage sie nun, sage ich und setze mein mia-farrow-gesicht auf: sieht so das leben aus, sieht es so aus? – aber ja, doch, sagt die frau endlich zu mir und nicht ins telefon: und jetzt halten sie die klappe und stellen sich hinten an! aber das ist berlin, wir sind hier in salzburg, da sagt man: halten die den amtsweg ein und behalten sie in diesen fragen immer hübsch die zuständigkeit im auge. (Röggla 1997, 72–74)

In diesem Auszug vermischt sich die Grammatik Berlins mit der Salzburgs, weil die Erzählung sich lexikalisch und rhythmisch an den Berliner Stil anpasst, wobei Salzburg der tatsächliche Schauplatz ist. Das Arbeitsamt, ein typischer Ort der Großstadtszenerie Rögglas, aktiviert die akustische Halluzination und die Szenen kollidieren mittels des Wortschatzes der Angestellten miteinander. Dieser besteht aus ‚Denglischen' Ausdrücken, wie „jobben" und „topmüde", welche die massive körperliche Folge der endlosen Arbeitsschichten und das Gefühl der Entfremdung am Arbeitsplatz, und damit die Schwerpunkte von *niemand lacht rückwärts*, bezeichnen. Die Überschneidung der beiden Szenen im Roman dient dazu, die zunehmende Durchdringung der neoliberalen Mentalität auf globaler Ebene einzuleiten, wie es auch in den sprachlichen Laufbahnen der anderen Figuren des Romans zu betrachten ist.

4.2.3 Grundlage des neoliberalen Diskurses: die Sprache des kleinen und herr grunwalds

Angesichts des solipsistischen Charakters dieser inneren Reise präsentiert *Abrauschen* keine artikulierte Stimmpartitur, wie im Fall von *niemand lacht rückwärts* und der späteren Werke von Röggla. Die anderen Figuren manifestieren also ihre Präsenz oft durch die direkte Rede, was den Bewusstseinsstrom der Ich-Instanz auch visuell fragmentiert. Die Betrachtung der Figur des kleinen eignet sich besonders gut, um das Thema des Spracherwerbs als produktives Motiv in der Frühphase von Kathrin Röggla zu verorten. Bereits in *niemand lacht rückwärts* wurde das neoliberale Homologisieren des kollektiven Bewusstseins mittels der Durchsetzung einer standardisierten Sprache dargestellt. Dieser Aspekt kehrt in diesem Werk wieder, indem die Erzählerin beobachtet, wie der kleine aufwächst und sich verändert. Seine Präsenz ist von Beginn des Texts an als vorhanden dargestellt, wobei er keiner festen Rolle zugeordnet werden kann. In den ersten Sequenzen entspricht seine der Röggla'schen Gegennarration:

> es herrscht nicht eben das gelbe von ei, springt hier nicht herum, herumspringen tut nur der kleine, das heißt stolpern, jetzt ist es passiert, und wie immer die luft voller trickes: ist

> man erst einmal am boden gelandet, tun es die anderen dinge auch, wie 'ne limoflasche zum beispiel, sieht er mich an.
> und schon fängt »können sie ihr kind nicht bei der stange halten?« an in den gesichtern der menschen, doch da ist ja auch kein kind, informiere ich sie, das ist höchstens ein menschlich bewachsener pinguin, bei dem die zeit reinschneit, reinscheint eine andere sonne: [...]. (Röggla 1997, 27)

Die erste Charakterisierung dieser Figur besteht aus Attributen der Unvollkommenheit, die zwei Gesten verkörpern: Zunächst springt der kleine herum, obwohl es nicht erlaubt ist. Die ungeordnete Bewegung des Herumspringens erinnert an die Erzählkunst des Vaters, die im Auftakt folgendermaßen beschrieben wird: „und immer wieder nimmt er mal eine weg und fügt eine neue vom stapel hinzu, starrt einen moment auf die anordnung, bis er mit einer plötzlichen nachlässigkeit das bild zerstört und von neuem beginnt" (Röggla 1997, 7). Eine solche Aufhebung der Nichtlinearität gipfelt dann in der zweiten charakteristischen Geste des kleinen: das Stolpern, das eine unerwartete Unterbrechung bewirkt. Die beiden Handlungen entsprechen dem Treiben des Schreibens von Kathrin Röggla, denn es ist auch visuell zu betrachten, wie die Autorin die Worte miteinander stolpern lässt, um „surreale Katachresen" (Allkemper 2012, 418) zu schöpfen. In der Verdoppelung zwischen den Verben „reinschneien" und „reinscheinen" beobachtet man denselben Prozess, der in Bezug auf dem Substantiv „erbsengeneration" erwähnt wurde. Das Komma unterbricht die Linearität der Rede visuell und ein Buchstabe kommt hinzu. Somit entsteht eine semantische Verschiebung, die eine Umkehrung der Bedeutung der Aussage bewirkt. Diese Verschiebungsverfahren, die später in der Verwendung des Konjunktivs gipfeln werden, bilden die Poetik des „Stotterns und Stolperns", von der die Autorin mehrfach in ihrer Poetologie berichtet (vgl. Röggla 2006; 2013a).

Die diskursive Laufbahn des kleinen beginnt also in Form eines „Gegenwartsidiot[s]" (Röggla 1997, 28), der sich jeder traditionellen sprachlichen Haltung entzieht. Diese Rolle kehrt sich im Verlauf seines Wachstums – aufgrund des Einflusses des sozialen Diskurses – radikal um:

> sich einbringen, nennt er das, doch einbringen tut jetzt jeder. sich einbringen ist das motto der stunde, muß man, weiß auch ich, sonst läßt sie nach, die außenwelt [...] geld und zeit, zeit und geld, ist ja sonst nichts mehr los in dieser welt.
> das ist mein job, sagt er, verstehst du nicht, meine ausbildung. also laß mich in ruhe, bin praktisch am durchstarten. [...] ins schluckauf der daten gelangen, nennt man auch jetzt ausbildung, [...] der hat doch den reinsten casinokapitalismus in der hosentasche sitzen, und nicht nur das. (Röggla 1997, 90–92)

Das soziale Konstrukt „sich einbringen" widerspricht dem Akt des Herumspringens vollständig. Sprach der kleine kaum in der ersten Sequenz, so hat er an dieser

Stelle die Grammatik seiner Zeit, d. h. die Struktur der neoliberalen Mentalität, erworben. Insofern wird er nicht mehr als stolpernde Figur dargestellt, und damit durch eine aktive Bewegung, sondern er gelangt „ins schluckauf der daten", d. h. in eine passive Position. Die symbolische Valenz dieses Charakters leitet das Motiv des Spracherwerbs in Rögglas Werk explizit ein, was auch in *Irres Wetter* (2000) ein zentrales Thema darstellt.

Soweit wurde also gezeigt, wie die Szeno-Graphien von Salzburg und Berlin ihre scheinbare Distanz verlieren, um sich durch die zunehmende Interferenz des neoliberalen Diskurses anzugleichen. Die *grunwald*-Episode lässt sich als definitiver Beweis dafür definieren.

> – nicht fisch, nicht fleisch, diese hände: grüß sie – jochen grunwald, immobilienmakler! sagt er und grinst. […] it's none of your business stapelt auch schon ein habachtvogel hoch, kommt aus der klimaanlage, der kerl, bin ich mir sicher, so wie der gestrickt ist, habe ich bald die wohnungstür im auge, und schon steht wieder einer da, so ein hochgemixter powerranger, […] »jochen grunwald, immobilienmakler, grüße sie!« – nicht fisch, nicht fleisch, diese geradeaushände – »doch haben sie ihr paradebeispiel an mensch bei der hand?« erinnere ich mich. na, also, da ist ja schon eines. »sie wollen diese wohnung verkaufen?« […] »sie wollen diese wohnung verkaufen?« fragt er ein zweites mal, »bin ich hier richtig?« – »aber hallo, sie sind richtig, immer nur hereinspaziert!« mein gott, die wohnung hatte ich ja schon ganz vergessen – dieser grunwald! »und jetzt sind sie auch auf durchreise, tja, passiert mir auch immer wieder.« grrruuuunwald! und beugt sich schon an mich ran. (Röggla 1997, 97–99)

Die Figur grunwalds erscheint in einer verwirrenden Atmosphäre, in der sich die lärmenden Marktumfragen widerspiegeln. Als „powerranger" des Immobilienmarktes, subsumiert er in sich die Summe der an der Tür klopfenden Makler mittels der Redundanz seiner Sprache. Dieser Subsumptionseffekt erzeugt sich durch die atemlosen Wiederholungen der direkten Rede, die keinen Spielraum für die möglichen Antworten der Erzählinstanz lassen. Röggla unterstreicht die Künstlichkeit der Sprache grunwalds auch visuell, indem sie den karikierten Ton seiner Sprechhaltung reproduziert (vgl. „grrruuuunwald"). Somit schafft die Autorin eine groteske Sprechinstanz, welche die Salzburger Globalisierungsprozesse sprachlich verkörpert.

> da gibt der grunwald nicht nach mit seiner eigenregie: »im moment haben wir dieses projekt in itzling, bürogebäude, das müssen sie sich unbedingt ansehen. überzeugen sie sich, wie da sofort ein straßenleben anfängt, wählen wir es an. […] die stadt aus der geraden locken, kein leichtes spiel, jaja.« und pfeift. […] »aber«, und jetzt macht er eine kurze Pause, »ich gebe ihnen einen gutgemeinten rat: bringen sie sie erstmal auf vordermann, alles raushauen, ausmalen, den balkon machen, so camouflage, zum besseren verkauf, dann können wir weitersehen, bei so kleinen objekten entscheidet oft der optische eindruck. rufen sie mich also an, wenn sie soweit sind, hier ist mein kärtchen!«.

und raus ist er. jetzt ist es wieder still. alle sind weg. aber das heißt ja heute nichts mehr. (Röggla 1997, 99–102)

Die Rolle grunwalds als diskursiver Träger der funktionellen Anpassung, die Ende der 1990er Jahre in Salzburg stattgefunden hat, ist in diesem Auszug besonders deutlich. Der Stadtteil Itzling, wo die Agentur, für die grunwald arbeitet, ein „projekt" hat, war eigentlich ein Randgebiet der Stadt, in dem 1988 das Techno-Z, das Informatikzentrum der Universität Salzburg, errichtet wurde. Zahlreiche Unternehmen folgten in den nächsten zwanzig Jahren dieser Initiative und verwandelten einen peripheren Stadtteil in eine *science-city* (vgl. Mayr 2006). Die unaufhaltsame Ausweitung dieser Dynamik auf die ganze Stadt spiegelt sich nicht nur formal, sondern auch inhaltlich in den Aussagen grunwalds, beispielsweise in der assonanten Infinitivreihe „raushauen, ausmalen, den balkon machen", welche die Aggressivität dieses Zwangssanierungsprozesses darstellt. Darüber hinaus hebt das Substantiv „eigenregie" die Künstlichkeit seiner Rhetorik hervor, die aus Slogans und fachsprachlichen Ausdrücken des Immobilienmarktes besteht: „überzeugen sie sich, wie da sofort ein straßenleben anfängt, wählen wir es an". In diesen „Hörresten" (Coppola 2022b), d. h. reinszenierten Fragmenten des Gesagten, erklingt die Stimme der Gentrifizierung, welche die Stadt Berlin bereits erfasst und die Flucht der Ich-Erzählerin verursacht hat. Die sprachliche Performanz grunwalds kulminiert dann in dem Spruch „so camouflage, zum besseren verkauf", der als zusammenfassender Slogan für alle Gentrifizierungsprozesse gilt. Der Begriff „Camouflage" verrät die Fiktivität des laufenden Prozesses, der nicht als Verbesserung, sondern als Verschleierung der bestehenden Mängel zu verstehen ist. Offensichtlich ist das Bedrohliche dieser Worte unbewusst ausgesprochen, da grunwald selbst nur ein kleines Rädchen im Getriebe der Globalisierung ist. Die grunwald-Episode versöhnt die Ich-Erzählerin mit der Gegenwart, weil ihr hier klar wird, dass die traumatisierende Kraft der Globalisierung überall im Gang ist. Daraufhin wird sie sich dafür entscheiden, nach Berlin zurückzukehren.

Hieraus ergibt sich, dass *Abrauschen* eine besondere Stelle in Rögglas künstlerischer Produktion besitzt, weil sie darin die theoretischen Grundlagen ihrer Poetik formuliert. Insofern kann man zur Überzeugung kommen, dass der Roman als metaliterarischer Wendepunkt im Schaffen der Autorin anzusehen ist, der zur ersten stilistischen Systematisierung in *Irres Wetter* (2000) führt.

4.3 *Irres Wetter* (2000)

Die stilistische Wende in Rögglas Schreiben findet in der Prosasammlung *Irres Wetter* (2000) statt, in der die Autorin eine äußerst kritische Reportage über die gesellschaftlichen Veränderungen an der Schwelle zum 21. Jahrhundert vorlegt. Die in *Abrauschen* angekündigte Rückkehr in die Gegenwart erzeugt eine Verfeinerung ihrer ästhetischen Werkzeuge, die eine Umweltchronik schaffen, in der die Ergebnisse ihrer ethnographischen Feldforschung in der *global-city* Berlin präsentiert werden.

Die Sammlung besteht also aus Interviews, welche die verschiedenen Milieus der deutschen Hauptstadt durch den ersten Prototyp der „konjunktivischen Rede" (Krauthausen 2006, 130) zum Wort kommen lassen. Dementsprechend spielt die Erzählinstanz hier explizit die Rolle des Stadtchronisten. In diesem Zusammenhang ist auch darauf hinzuweisen, dass die Protagonist:innen der Reportage nicht nur durch einen Stilwechsel, sondern auch durch einen Paradigmenwechsel porträtiert werden, der dem sich vollziehenden gesellschaftlichen Wandel folgt: Der Archetyp des „Strohmanns" verwandelt sich hier in den „Sendermann", einen *zwischenmenschlichen* Reproduktionskanal des globalen Diskurses, von dem im dritten Abschnitt dieses Kapitels berichtet wird.

Diese Charakterisierung der Erzählinstanz und die Schärfung der zukünftigen charakteristischen Stilmerkmale Kathrin Rögglas legen nahe, dass *Irres Wetter* als letzte Etappe ihrer Formfindungsphase anzusehen ist. Die dokumentarische Wende wird im Prosatext *wohnmaschinen* durch den Hinweis auf Hubert Fichte besiegelt, der sich somit als eminentestes Vorbild für ihre Sprachmodellierung herausstellt.

4.3.1 Berlin: Baustelle der Identität

Irres Wetter beginnt dort, wo *Abrauschen* endete. Die Sammlung besteht aus einundzwanzig Episoden, welche die Entwicklung der „erbsengeneration" in der deutschen Hauptstadt zeigen. Die Stadt Berlin profiliert sich als idealer Schauplatz für die Beobachtung der sich im globalen Maßstab abspielenden soziopolitischen Dynamiken, die vor dem Hintergrund des Normalisierungsprozesses der 90er Jahre die Hauptstadt des wiedervereinigten Deutschlands in das Zentrum der neuen, europäischen Ordnung rücken. So unterscheidet sich diese Berlin-Darstellung von den oben analysierten, denn im Gegensatz zu *niemand lacht rückwärts*, wo die Stadt als Zusammenhang von akustischen Halluzinationen dargestellt wird, erzeugt hier der ethnographische Ansatz eine Konkretion der Szene, in der sich die sprechenden Figuren bewegen: Berlin ändert sich jedoch mit seinen Einwohner:innen. Dieser Aspekt spiegelt sich in der zweiteiligen Struktur des Werkes wider.

Der erste Teil geht der sprachlichen Untersuchung des Stadtgefüges nach. Die Ich-Erzählerin bewegt sich durch diverse Stadtteile und Milieus, u. a. Schöneberg und Kreuzberg, und thematisiert das Vermarktungsverlangen der Berliner Alternativszene anhand von symbolischen Veranstaltungen und Orten wie im ersten Text der Sammlung *so kann man kein geld verdienen*, die der *love-parade* gewidmet ist, oder in den Kapiteln *yorckkino* und *so 36*. Diesem Szenarium setzt Röggla die andere Seite der Stadt entgegen, beispielsweise in *überfunktion, unterfunktion*, wo die Reinszenierung einer Diskussion beim Arzt zwischen „polnische[n] punks" und „türkische[n] banden" (Röggla 2000, 60) die Rechts- und Gesundheitspolitik jener Jahre verhandelt; der Text *wohnmaschinen* greift hingegen das Thema der Wohnungsfrage zu Beginn des in Berlin einsetzenden Gentrifizierungsprozesses auf. Das Thema der Gentrifizierung kehrt auch in *eine reihe von ausflügen* wieder, wo die Erzählinstanz den Alltag verschiedener Künstler beobachtet, die wegen der steigenden Wohnungspreise aus der Stadt in die Brandenburger Landschaft vertrieben werden.

Die Prosatexte am Ende des Bandes entfernen sich jedoch von der Berliner Kulisse und werden mit einem „globalkolorit" (Röggla 2000, 141) eingefärbt. Dieser bildet Berlin als Paradigma eines epochalen Wandels ab, der sich unmittelbar auf die Sphäre der Sprache niederschlägt. Hier kommt nun der Figur des Sendermanns, der ein gleichnamiger Prosatext gewidmet ist, eine zentrale Bedeutung zu.

In *Irres Wetter* findet man also einen grundlegenden Kern des Frühwerkes von Kathrin Röggla, und zwar die künstlerische Reflexion über die gespaltene Identität als Folge der neoliberalen Ideologie. Die Identifikation des Subjekts mit einem Bild, d. h. mit einem sozialen Schema, das durch die audiovisuellen Medien vermittelt wird, spiegelt sich vor allem in den zahlreichen Epitheta wider, die im Verlauf der Sammlung ein Fresko der Berliner Gesellschaft liefern. Die anonymen Protagonist:innen dieser Reportage sind Freunde mit einer „neuköllner karriere" (Röggla 2000, 35), „globalisierungsgewinner" (Röggla, 43) und „h&m-mädchen" (Röggla 2000, 94): kurz, „gestalten" (Röggla 2000, 40), die an der Bushaltestelle warten. Die zunehmende Anonymität der Sprechfiguren leitet ein noch zentraleres Thema Rögglas ein: die sprachliche Indoktrination, die in Form einer körperlichen und räumlichen Entmaterialisierung dargestellt wird. Dieses Sujet schlägt sich in der provokativen Zuspitzung des in der Stadt gesprochenen *Codes* nieder: das *broken english*, „das einzige, was hier noch greift" (Röggla 2000, 6).

4.3.2 Leben in Transit

Wie bereits erwähnt, findet man ein treffendes Beispiel für Rögglas dokumentarische Wende im Prosatext *wohnmaschinen*, der sich der Gentrifizierungsfrage widmet. Der Titel deutet auf die von Le Corbusiers konzipierten seriellen Architekturutopien hin, denn das Substantiv „Wohnmaschinen" ist eine Variante der fachsprachlichen *Unité d'Habitation*. Nach dem Motto „das Haus ist eine Maschine zum Wohnen" (Le Corbusier 2001, 81) erneuerte der Architekt die Grundsätze des Wohnens durch die Überspitzung des funktionalen Konstruktionsprinzips, die seine fünf über Europa verstreuten Gebäude verkörpern. Entstanden als formale Antwort auf den notwendigen Wiederaufbau der Städte nach dem Zweiten Weltkrieg, wurde das Prinzip der Wohnmaschinen zum architektonischen Ausdruck der minimalen Reduzierung des individuellen Lebensraums und des gewaltsamen Eingriffs in die Landschaft. Im Brennpunkt des Texts stehen also die Folge einer solchen Baupolitik, die in Form einer erzwungenen Koexistenz zwischen verschiedenen Generationen und sozialen Schichten dargestellt wird.

Wie in dieser Frühphase üblich, ist der Text nach der vom rückwärts-Erzählen erzeugten Teufelskreisstruktur konzipiert:

> wohnungsbesichtigung: „da werden sie kein hackfleisch bei uns finden, was den blick betrifft. hier haben sie die besten aussichten auf den platz, um nicht zu sagen: auf den park, aber der kommt erst, bis jetzt hat sich nur dieses bäumchen eingefunden, das allein dreht die lautstärke des viertels schon beträchtlich herunter, und was es erst an luft produzieren wird, wenn es mal groß ist, sie werden schon sehen, kommt alles noch." denn alles sucht jetzt seinen reißverschluß zum aufkreuzen, alles steckt schon in den startlöchern. kleine modelle stehen hier an allen ecken und enden, veranschaulichungstümpel, damit die leute es endlich kapieren: das ist berlin 2010, 2020 usw., da sieht man es wieder: sie können nicht aufhören zu zählen, sie können es nicht lassen, das geht alles weiter. (Röggla 2000, 29)

> wohnungsbesichtigung: und schiebt man brav zum fenster raus: berlin flieg, flieg berlin! funktioniert aber nicht, bleibt hängen, will nicht losstarten. was bleibt sind so reste, unangenehm groß, ansonsten widerliche broschüren, werbebroschüren schlagartig beatmet, beamtet gleich danach. ja, ja, und zwei schritte weiter auch schon wir, kleine gefühlswimmerl, hocken am rande und klüngeln gegen das an, verdienen manchmal sogar geld damit. denn unter dem sony-himmel bleibt immer noch platz für ein bißchen höhlenforschung, doch zwischen stalaktiten und stalagmiten wachsen einem hier zur zweiten haut, man hält sich bedeckt sozusagen – mit fluchtlinien. doch da ist kein rauskommen, kein entkommen mehr möglich trotz der ausfallstraßen, trotz der kommenden stadtautobahn. (sicher, wenn jemand nachfragt: bankomaaat! nur dieses schlupfloch bleibt noch!) (Röggla 2000, 37)

Das Modell des ethnographischen Forschungsberichts ist sofort erkennbar: Das Substantiv „wohnungsbesichtigung", gefolgt von einem Doppelpunkt, liegt die

Vorstellung nahe, dass es sich um eine Untersuchung zum Thema handelt. Die Leser:innen treten somit unmittelbar in die Stimme eines Immobilienmaklers ein. Röggla parodiert die Floskeln des Immobilienmarktes, sowohl um ihre Nähe zur Sprache der Werbung zu zeigen (vgl. „das ist berlin 2010, 2020 usw."), als auch um den eigentlichen Gegenstand dieser Verhandlung erahnen zu lassen: die Zukunft. Die Maklerstimme beschreibt doch nicht die bereits existierende Welt, sondern sie projiziert sich in den Moment, wo „[alles noch] kommt". Diese Art der Rede, zusammen mit dem Fehlen eines erkennbaren sprechenden Subjekts, reproduziert die Liturgie des Immobilienverkaufs, die auf dem von der grunwald-Figur formulierten Gesetz der *camouflage* beruht.

Der zweite zitierte Auszug, mit dem der Text endet, öffnet sich noch einmal mit dem Wort „wohnungsbesichtigung", was die transitorische Perspektive eines zu vermietenden Alltags unterstreicht. Diese Wiederholung stellt die Teufelskreisstruktur dieses Textes zusammen mit der Idee einer in sich geschlossenen Landschaft der zukünftigen Stadt dar. Der neue urbane Horizont besteht aus Wolkenkratzen, verkörpert von „dem sony-himmel", Stalaktiten und „werbebroschüren, schlagartig beatmet". Die Wahl des Verbes „beatmen" betont, dass es sich um ein gekünsteltes Panorama handelt. Somit vergleicht Röggla die Stadt mit einer Leiche, die künstlich am Leben erhalten wird, und hebt auf der semantischen Ebene die Artifizialität der Sanierungsprozesse hervor, durch welche die Geschichte und die ursprünglichen Bewohner:innen ganzer Stadtviertel aus rein wirtschaftlichen Gründen programmatisch gelöscht werden.

Es muss noch hinzugefügt werden, dass die rückwärts-gerichteten Schreibverfahren sich auch in Form einer stolpernden Sprache ausdrücken. Wie im Rahmen der Analyse von *Abrauschen* erwähnt wurde, arbeitet die Autorin mit Verdoppelungs- und Überdrehungsstrategien, welche die alltägliche Sprachwahrnehmung umkehren. In diesem Fall dient das sprachliche Stolpern im Satz „doch da ist kein rauskommen, kein entkommen mehr möglich trotz der ausfallstraßen" zur Darstellung eines unerfüllten Wunschs nach Flucht, was ebenfalls ein zentrales Thema dieser Phase ist. Das „rauskommen" verwandelt sich durch die Komma in ein „entkommen", aber beide Handlungen werden verweigert. Hiermit drückt sich das Fehlen von Alternativen zu diesem gentrifizierten Wohnungsmarkt aus. Deshalb steht im Mittelpunkt von *wohnmaschinen* die ethnopoetische Untersuchung des hochstratifizierten Stadtgefüges im Bezirk Neukölln, das in und trotz der Gentrifizierungsgefahr weiterlebt.

> denn gentrification! lautet hier das stichwort, ist die bewegung, die durch *mitte* geht, und think-positive-hardliner geben sich darin die hand.
>
> gentrification! hat man auch in neukölln gerufen und ausschau gehalten nach einem zugpferd für diesen oder jenen ort, doch es ist an uns vorübergetrabt, denn in die dachge-

schosse will niemand, in die feinkostläden geht keiner, leer bleiben die versuche mit cafés. so ein bißchen auf warteschleife ist man hier jedenfalls immer zwischen den softläden, dem handyshop und dem passagekino – „minipizza" steht überall drauf und „zwei maaaaak".
[...]

so bringt man hier seine tage rum: kentucky fried chicken in der karl-marx-street neben woolworth - so bringt man seine tage rum: wartet auf den amphetaminmenschen vor dem handyshop, geht dann rechts rein in den hof, wartet auf den amphetaminmenschen, den aufgeregten zweitbesitzer deines lebens, den hektischen schnellkochtopf, OHNE DEN NICHTS GEHT! und siehe da, da kommt er auch schon aber aus die heraus, mitten durch dich durch und – ohne zu grüßen geht er weiter. in wirklichkeit, so wird gesagt, ist er ein bloßer alki, also einer, den man eigentlich am *böhmischen* platz antreffen müßte mit den anderen gestalten rundum mit ihren meckerhunden [...] in dieser gegend genügt es nämlich nicht, am rande frau zu sein und dabei den tkkg-ausweis mit sich zu führen, nein da braucht es schon andere methoden, z.b. sich einen pitbull zuzulegen, zumindest haben das die meisten gemacht, und jetzt habe ich den salat – (Röggla 2000, 29–31)

Die Autorin erkennt, dass in Neukölln dieselbe ‚Wiederentdeckung' der östlichen Viertel nach der Wende im Gang ist, vor allem von Berlin-Mitte, das, so kursiviert, doppeldeutig zu lesen ist: zum einen als Stadtteil, zum anderen als Zentrum. Die glänzende Vorstellung des Bezirks der Zukunft stellt sie also ein Porträt des aktuellen Zustands Neuköllns gegenüber, wo hauptsächlich „zwei maaaaak"-Junk-Food-Konsumenten wohnen.

Die Erzählung erfolgt zuerst vertikal, d. h. von den leerstehenden Mansarden bis zu der Straßenebene, wo die Ich-Instanz horizontal zu flanieren beginnt. Nahtlos webt Röggla hier Zeugnisse aus der Straße, Stadtbeschreibungen und Kommentare der Erzählinstanz zusammen, welche die szeno-graphische Wirklichkeit Neuköllns aufführen.

Das Leitmotiv „so bringt man seine tage rum" weist auf den monotonen Charakter des Bezirksalltags hin. Die erste Figur, die man in diesem Fresko in Bewegung trifft, ist ein generisches Subjekt und zwar ein „man", das auf seinen „amphetaminmenschen" wartet. Die Unruhe des Wartens ändert den Rhythmus des Textes, als ob die Ich-Instanz beim Gehen kurz in das „mündliche Denken" (Röggla 2002) der Passanten neben ihr eintauchen könnte. Die Montage simuliert diesen Effekt, indem der hektische Wechsel zwischen Schuldgefühlen („den aufgeregten zweitbesitzer deines lebens, den hektischen schnellkochtopf,") und dem Auftreten der Sucht („OHNE DEN NICHTS GEHT") unmittelbar nebeneinander stattfindet.

Die Karl-Marx-Straße stellt sich also selbst durch die Stimmen dar, die sie bewohnen. Dem amphetaminsüchtigen „man" folgt das kollektive Gemurmel der Straße, das ihn, hinter dem Ausdruck „so wird gesagt" versteckt, kommentiert. Der zitierte Auszug endet mit der einzigen weiblichen Stimme in dieser männlichen Geographie, die das Problem der Straßengewalt adressiert.

Nach diesem stimmlichen Porträt des Stadtgefüges in Neukölln vertieft sich der Blick der Erzählerin in die Untersuchung der Gentrifizierungsdynamiken durch ein weiteres Zoom-In: Von der allgemeinen Großaufnahme der Stadt Berlin gelangt man zu einem Viertel, dann zu einer Straße und schließlich zu einer Wohnung. Diese fortschreitende Annäherung an den Untersuchungsgegenstand kennzeichnet auch die Charakterisierung der Sprechfiguren: Vom Off-Kommentar des Zukunftsmaklers über die kollektive Stimme der Karl-Marx-Straße liest man schließlich die Dialoge zwischen den drei Figuren, martin, bernd und der Ich-Erzählerin:

> es gibt ja immer wieder so menschen, die es hierherverschlägt. Man sagt dann: die mieten, man sagt: schicksal oder zufall – jedenfalls bin ich wieder umgezogen –, jetzt fängt ein neues leben an, habe ich vermutet – und doch, eine erstbesteigung sei das von mir nicht, hat mich martin vorgewarnt, „du wirst dich noch wundern!" hat mein paradeneuköllner da gesagt.
>
> Einen paradeneuköllner muss es in jedem bekannten kreis geben, und schließlich wohnt martin seit sechs jahren da, sechs jahre wildenbruchstraße! [...] „du wirst dich noch wundern", hat er mir also gesagt und ist kurz darauf weggezogen, hat aus mir seine paradenachfolgerin gemacht. „den job übernimmst jetzt du!" doch wie, wenn er überall schon gewesen, überall seine wahrnehmungshäuflein gemacht hat, ich bin ja nur die retroversion, der müde abklatsch, die nächste generation.
>
> „du wirst dich noch wundern!" darf ich trotzdem zu bernd sagen, obwohl ich ihm gegenüber nur einen monat vorsprung habe. das interessiert den ohnehin nicht. das einzige, was den interessiert, ist seine tragische situation: eine trennung hat auch bei ihm eine neue wohnung notwendig gemacht, und neukölln kommt ihm da gerade recht, „das ist meine katharsis", hat er sich gesagt und diesen mietvertrag unterschrieben: südliches rixdorf, hinterhof zweiter stock. – „erste sahne", meine ich. (Röggla 2000, 31–32)

Das Leben der Figuren ist an das Leitmotiv „du wirst dich noch wundern!" gebunden, das in dieser Perspektive als Formel für die Besieglung des Umzugsrituals gilt. Aufgrund der Beschleunigung des Umzugszwangs verliert dieser Ausdruck jedoch seine performative Kraft: Dauerte martins Lehrzeit als „paradeneuköllner" sechs Jahre, so benötigt die Ich-Instanz nur einen Monat, um ohne große Überzeugung die rituelle Formel „du wirst dich noch wundern!" aussprechen zu dürfen und bernd in der Nachbarschaft willkommen zu heißen. Die Erzählerin berichtet von diesem Punkt explizit im Text, indem sie sich als „retroversion" definiert. Diese Formulierung ist von zentraler Bedeutung in der Nuancierung der Reportageprotagonist:innen, die zunehmend ihre menschlichen Züge verlieren und zu Sprechautomaten werden. Auf diesen Aspekt wird jedoch im nächsten Abschnitt näher eingegangen.

In der Schilderung dieser Immobiliengeschichten symbolisieren also martin und bernd den sich in Neukölln vollziehenden sozialen Wandel. Röggla berichtet demnach von der Heterogenität des sozialen Gefüges in Neukölln, wo verschiedene Generationen und soziale Schichten ohne gegenseitigen Kontakt zusammenleben. Der Begriff der „Wohnmaschinen" wird dann als ökonomisches Phänomen untersucht, da diese tatsächlich nicht nur konkrete Bauten, sondern auch Baupolitiken sind, die das Leben des zeitgenössischen Individuums bestimmen.

In diesem Kontext gilt die Ich-Instanz als Drehpunkt zwischen den verschiedenen Typologien von historischen Bewohner:innen des Viertels und Neuankömmlingen. Der Filter ist sie selbst. Dieses In-der-Mitte-Sein ist von besonderem Interesse, weil es als eine Übertragung der dokumentarischen Wende auf der diegetischen Ebene gedeutet werden kann, welche die Autorin in diesem Werk einnimmt. Die Erzählerin bekommt und vermittelt dann die Erfahrung im Bezirk, genauso wie die Schriftstellerin es auf der extradiegetischen Ebene mit dem durch die Feldforschung gesammelten mündlichen Material tut, das nach dem Motto „Schnitten statt Geschichten" (Fichte 1982, 294) reinszeniert wird. Diese Operation gründet sich ästhetisch zunächst auf der hochstratifizierten Montage, die im Vergleich mit den früheren Werken eine solidere Struktur aufweist, indem der Forschungsweg deutlich erkennbar ist, ohne die Vielfalt der verwendeten Quellen einzuschränken. In dieser Bewusstwerdung der Schriftstellerin hat Hubert Fichtes Ästhetik eine eminente Rolle gespielt.

Der Einfluss von Hubert Fichtes Ethnopoesie zeigt sich in unterschiedlichen Aspekten dieses Werkes, und zwar sowohl in der stärker dialogischen Gestaltung der Erzählung als auch in der Konfiguration des Ichs als „Bot:innen" (vgl. Krauthausen 2023), das im Laufe der Sammlung die Stadt zu Fuß durchquert. Mittels dieses Ansatzes gelingt es der Autorin, eine Art „Live-Aufnahme" zu simulieren, denn die Stimmen und die Gedanken der Neuköllner werden bloß exponiert, oft mittels der direkten Rede, anstatt erzählt zu werden. Hierdurch erscheinen jedoch die Sprechfiguren trotz ihrer anonymen Charakterisierung konkreter als diese in den vorherigen Werken Rögglas, denn es verdeutlicht sich ihr Wesen als Sprachmanifestationen des Alltags.

Das Gehen impliziert also eine unmittelbare Durchdringung in die sprachliche Wirklichkeit des Forschungskontextes, die sich dem Medienfilter programmatisch entzieht, gerade um alternative „Erfahrungsform" (Heinrichs 1981, 51) zu generieren. Die Annäherung an die Fremde zu Fuß bildet eines der Zentren von Fichtes Forschungspraxis, weil sie auch in symbolischer Hinsicht die Ablehnung eines kolonialen Privilegs darstellt. So liest man beispielsweise in *Forschungsbericht* (1981):

> Er war zu Fuß gegangen in Nicaragua. Nicht wie die Kollegen im Regierungsauto herumkutschiert. Er bildete sich viel darauf ein und wußte, daß er nicht Nein gesagt hätte, wäre ihn ein Wagen angeboten worden.
>
> Er war zu Fuß gegangen – wie in einer Birne aus Gummi, vor den Blicken der Schulkinder, die statt eines Ränzel eine Maschinepistole trugen (Fichte 1989, 11–12).

Und genauso porträtiert Röggla den Schriftsteller, und zwar zu Fuß, im 2016 erschienenen Aufsatz, in dem sie durch dieses Bild das Verhältnis Fichtes zur Interviewtechnik verdeutlicht:

> Und doch könnte man immer noch sagen, dass man am meisten erfährt, wenn man zu Fuß unterwegs ist, nicht nur im übertragenen Sinn, sondern auch real. Im übertragenen Sinn heißt das, dass man sich die Mühe macht, einen Dialog zu beginnen, das Gespräch zu suchen, etwas Simultanität zu seiner Umwelt aufzutreiben. [...] Zu Fuß kann man etwas erfahren über die Ordnung der Welt, die immer besonderen Regeln des städtischen Raums, des öffentlichen und des privaten, über Übergänge. (Röggla 2016c, 321)

Diesbezüglich darf auch nicht unerwähnt bleiben, dass in *wohnmaschinen*, und zwar eben in einer Sequenz zum Thema „Übergang", eine Stelle aus Fichtes Roman *Der Kleine Hauptbahnhof oder Lob des Strichs* (1988) wortwörtlich zitiert wird, was eine unmittelbare Verbindung zum Werk des Schriftstellers herstellt:

> zurück fahren wir nämlich durch die kleingartenkolonien, wegen der falschen richtung, die man in solchen situationen irgendwie einschlagen muß, durch so kleingartenkolonien, wo der hubert-fichte-satz, der lokstedsche: „die nachbarn fingen an, sich über den samenflug zu beschweren" frei übersetzt und eine oktav nach unten verlegt wird. (Röggla 2000, 35)

Das Zitat bezieht sich im Original auf die Rückkehr von Jäcki, Fichtes bekannter Protagonist, in seinen Heimatbezirk Lokstedt, d. h. in den bedrückenden Kontext seiner Adoleszenz. In diesem Fall wird es „eine oktav nach unten verlegt", da die Protagonist:innen, die Ich-Erzählerin und bernd, nicht wirklich heimkehren, sondern an einen Ort gelangen, an dem sie nicht geboren wurden und den sie aufgrund des Wohnmaschinenphänomens bald wieder verlassen werden. In diesem Sinne verdeutlicht sich auch das Bild der „retroversion" als verblasse Kopie einer verlorenen Authentizität von Ort und Sprache, um die sich die Sammlung dreht.

Schließlich kann man behaupten, dass es sich in *Irres Wetter* um die Schilderung aller möglichen Formen von zeitgenössischen Retroversionen des Alltags handelt, die, Fichtes Spuren folgend, durch ein kritisches Flanieren zu Wort kommen.

4.3.3 Sendermänner des neoliberalen Diskurses

Der Retroversionsbegriff nimmt in dem Archetyp des Sendermannes, der diesen des Strohmannes ersetzt, Gestalt an. Ihm ist ein gleichnamiger Prosatext gewidmet. Der Text folgt der allgemeinen Sammlungsnarration nicht, da er ausschließlich auf dem Blick der Erzählerin und nicht auf dialogischen Situationen basiert. In *sendermann* flaniert noch die Ich-Erzählerin – wie eine „amokläuferin" (153,

IW) – orientierungslos durch die Stadt vor dem Hintergrund von „menschen in der krise" (IW, 154) am Hermannplatz und von Fahrgästen am Bahnhof Zoo. Diese Bilder in Bewegung greifen kaleidoskopisch ineinander. Die Interferenz hebt den Konsum als die Konstante der Gegenwart hervor und lässt dadurch die Klanglandschaft der zukünftigen *global-city* Berlin anklingen:

> immerhin gibt es geräusche, geräusche zur orientierung überall. nicht nur hört man die u-bahn, s-bahn, die preßlufthämmer, nicht nur hört man das lärmen des nachbarn: entweder tekkno oder country-music, you choose? danebst: anfahrende autos, hundebellen, wasserleitung, handy-geräusche – ja, der handy-lärm, an manchen stellen der stadt nimmt er schon überhand, „gehen sie jetzt immer auf dem balkon über uns auf und ab und telefonieren da", führen ihre gesprächsgespräche: junge schauspieler, medienmanager, web-designer, pr-people, kommen aus allen ecken und erzeugen ihren handy-lärm – doch ist das alles, was man hört? – nein, da gibt es noch ganz andere geräusche: technische geräusche, störgeräusche, geräusche, die lieber keiner beim namen nennt – überwachungsgeräusche, datenbeobachtungsgeräusche – doch will man den geräuschquellen nachgehen, lassen sie einen nicht, sie lassen einen nie wirklich ran. (Röggla 2000, 156)

Die Komposition dieses Auszugs leitet die szeno-graphische Charakterisierung der Sendermannfigur ein. Zunächst wird das akustische Bild der Metropole evoziert, von den mechanischen Geräuschen der Verkehrsmittel zu den Presslufthämmern als Synekdoche für Stadtbaustellen. Indem sie der zeitgenössischen Symphonie der Großstadt folgt, führt die Handlung mikroskopisch zum Hauslärm, bevor mit dem Handy das wohl symbolträchtigste Gerät der heutigen Welt auftritt, welches wiederum die übermedialisierte Kommunikation der Gegenwart thematisiert. Über die Auflistung der städtischen neuen Karrieren richtet sich der Blick der Ich-Erzählerin auf die Straße, wo die Kontrolldispositive – u. a. in Form von Überwachungskamera und Laptop – sonst unbeachtet ihrer Arbeit nachgehen. Dieses Szenarium lässt keinen Spielraum für freien menschlichen Dialog zu, da es den Einsatz technischer Filter für jeden Bereich des menschlichen Lebens exponiert.

Das neue Jahrtausend fördert also zukunftsträchtige Kommunikationsformen, die den bloßen Informationsaustausch zwischen Mensch und Maschine verkörpern. Daher wird hier nicht nur eine Momentaufnahme Berlins an der Schwelle zur Globalisierungswende, sondern auch ein Paradigmenwechsel im Rahmen des sprachlichen Kontakts zwischen Menschen präsentiert, infolge dessen die dialogische Kommunikation zur bloßen Sendung wird. Davon ausgehend kann man behaupten, dass Röggla in diesem Text über das Modell eines neuen Individuums reflektiert, das einer solchen Idee der Sprache entspricht – sie nennt es „sendermann":

> so sieht es nämlich aus: sender überall! doch wo ist er denn, der sendermann, der auf diesen gedanken kam, sie haben ihn wohl ausgetauscht, „sprich dein überreelles englisch nicht mit mir", hat er noch gesagt, letzte botschaft an die welt! und jetzt ist wirklich so ein fal-

sches englisch hier – da sprechen heute alle ihr falsches englisch, ihr falsches deutsch und japanisch: keine echten sprachen gibt es mehr, morphogenetische felder dafür umso mehr. die zeichen mehren sich! geheimpläne, geheimcodes, geheimsprachen werden überall entworfen, ein jeder zweite bastelt an seinem hackerkokon – ja, späte pynchon-früchte nach hause tragen will man ganz allgemein, und doch kriegt niemand mehr seine paranoia richtig hin. (Röggla 2000, 156)

Ein konstitutives Merkmal des Sendermannprototyps ist eine gewisse Falschheit der Ausdrucksform, die sich unabhängig von der Nationalität den „morphogenetische[n] felder[n]" entzieht. Es wird dann nicht mehr in einer Sprache gesprochen, die *per se* die Möglichkeit eines Dialogs anbietet, sondern in diversen hochspezifischen Codes, welche die Tendenz zur Hyperspezialisierung in der Arbeitswelt reproduzieren. Dieser Wandel im Bereich der Kommunikation schafft ein unterschiedliches Wahrnehmungsniveau des Alltagslebens, das nur denjenigen fragmentarisch zugänglich wird, denen ein Decodieren des „geheimnis[ses]" gelingt. Das Setting markiert die Anfangsphase der wirtschaftlichen Produktion von Alarmbereitschaftsfiktionen, nicht zuletzt durch den Hinweis auf Thomas Pynchon, der den dystopischen Ton der Erzählung verstärkt, die mit einem vagen, aber weit verbreitetem Gefühl der Paranoia endet.

Zusammenfassend, fügt Röggla hier zwei Perspektiven des Alltags zusammen: die Technisierung der Sprache und das Paranoiagefühl, das im Verlaufe ihrer künstlerischen Entwicklung eine immer breitere Resonanz finden wird. Die Sendermannfigur antizipiert einen zentralen Kern der späteren Produktion Rögglas, und zwar der Experte als unangreifbare Quelle des medial vermittelten Fachwissens.

Diese gesellschaftliche Struktur entspricht der von Vilém Flusser postulierten Synchronisation von „Amphitheaterdiskurse[n]" und „Netzdialoge[n]". In seiner *Kommunikologie* (1998) will der Medientheoretiker die Möglichkeiten einer erfolgreichen Kommunikation im Zeitalter der Technobilder sondieren und geht dazu diversen Aspekten sprachlicher Verhältnisse zwischen Menschen und Technik nach. Flusser unterscheidet den Dialogbegriff von dem Diskursbegriff,[3] wobei sich beide Systeme immer überschneiden. Unter den Kommunikationsstrukturen technisch-vermittelter Botschaften findet man auch das Modell der „Amphitheaterdiskurse", die Flusser wie folgt beschreibt:

---

3 Im Unterschied zu Foucault versteht Flusser den Diskursbegriff als bloße Kategorie der Kommunikation, die nur in weiteren Schritten sozio-politische Implikationen enthalten könne. „Um Information zu bewahren, verteilen Menschen bestehende Informationen, in der Hoffnung, daß die so verteilten Informationen der entropischen Wirkung der Natur besser widerstehen. Dies ist die diskursive Kommunikationsform". Dialoge sind demgegenüber Strukturen, die der Informationserzeugung dienen (Flusser 2007, 16).

> Gekennzeichnet ist diese Struktur dadurch, daß sich die Empfänger am Horizont, und beinahe schon außerhalb des Diskurses befinden. Die Kanäle verbinden im Grund nicht Sender mit Empfänger – der eine ist für den anderen unsichtbar geworden. Sichtbar für beide sind nur Kanäle. Infolgedessen erkennen sich innerhalb dieser Struktur die an der Kommunikation beteiligten Menschen untereinander nicht. Es handelt sich um eine für die Erhaltung von Informationen geradezu ideale Diskursform. Die Empfänger („die Masse") werden zu Informationskonserven: sie können nichts als empfangen. (Flusser 2007, 28)

Flussers Amphitheaterdiskursmodell erläutert die induktive Wirkung der Medien auf die Masse, die dem Subjekt die Rolle eines passiven Empfängers verleiht, da es die Impulse von der Außenwelt unkontrolliert aufnimmt. Paradoxerweise besitzt diese Kommunikationsmethode eine ideale Qualität für die demokratische Informationszirkulation, da die konstante Rückkoppelung der technisch-vermittelten Informationen ein breites Publikum erreichen kann. In der aktuellen Wirklichkeit aber sei dies nicht realisierbar, weil die Amphitheaterdiskurse mit dem Netzdialogmodell synchronisiert seien. Flusser beschreibt diese Dialogart als ein „Grundnetz (*reseau fondamental*), welches alle übrigen menschlichen Kommunikationsformen stützt und letztlich alle von Menschen ausgearbeiteten Informationen in sich aufsaugt" (Flusser 2007, 32). Die Synchronisation bewirke „eine totalitäre Entpolitisierung bei scheinbar allgemeiner Partizipation" (Flusser 2007, 34), denn das Subjekt treffe die Wirklichkeit nur durch einen technischen Filter, der nicht als solcher, sondern als die Wirklichkeit selbst wahrgenommen werde. Ein solches Kommunizieren etabliere eine Distanz zwischen dem Individuum und seiner Realität, da es keine neuen Informationen innerhalb der menschlichen Kommunikation produzieren lasse und die Abschirmung der Imagination verursache.

In vielerlei Hinsicht findet man Berührungspunkte zwischen Flussers kommunikologischem Ansatz und Rögglas Prosa, da hier genau der Prozess dargestellt ist, infolge dessen das zeitgenössische Subjekt, als „Informationskonserve" konzipiert, in einen radikalen Sender verwandelt wird. In diesem Zusammenhang verliert ersterer seine Funktion und verschiebt den Kommunikationsschwerpunkt allein auf den Akt der Sendung. Es geht letztlich nur um Kanäle. Die Sendung, die in Rögglas Erzählung an die Stelle der Dialoge tritt, ist als ein linearer und ununterbrochener Ausdruck von Signalen zu begreifen, der keine Reziprozität, geschweige denn einen Austausch zwischen den Akteuren des Sprachsystems bewirkt. Röggla bringt in diesem „Gegenteil des Dialogs" (Röggla 2013c, 232) also Eigenschaften, die Flusser den „Amphitheaterdiskurse[n]" zuordnet, mit Debords Theorie des Spektakels (2006) zusammen. Erlaubt der Dialog im Sinne einer dialektischen bzw. wechselseitigen Begegnung von Materialien, Medien und Menschen einen kritischen Blick auf Alterität, besitzt das Spektakel eine monologische Struktur, die durch ihre unaufhaltsame Linearität „den passiven Zuschauer von der Erfahrung und dann die unterschiedlichen Erfahrungsbereiche voneinander" trennt (Röggla 2013c, 232). Daher gilt eine solche Lektüre des Spektakelbegriffes als Grundlage für Rögglas Postulat einer „Vormacht des Fiktiven" (Röggla 2013c, 209), die den sich entwickelnden Katastrophendiskurs prägt und folglich als ein inhärentes Merkmal des Sendermanns gilt. Der ‚spektakuläre' Charakter dieser Kommunikationsform kennzeichnet auch die körperliche Bewegung des Sendermanns, der wie seine Botschaften allein und linear durch die Stadt läuft, immer geradeaus:

> morgens ins gesicht: nicht immer randfigur sein, nein, auch einmal überflieger, geradeausmensch, ja, loszappeln als geradeausmensch, ab in die nächste u-bahn station. dort wahrheiten verkünden, die keiner noch kennt: ich bin eine bombe, hat man früher gesagt und etwas damit gemeint, doch heute sind die städte leer, in denen man zu explodieren gedenkt, niemanden trifft man mehr an, alles wie ausgefegt, weggepackt ins nächste jahrtausend, in andere geschwindigkeitsräume allemal. [...] ja, die stadt und ihre tangenten, meine persönliche geographie, gibt's die? – besser nicht, hat er (jochen!) für sich beantwortet, zum amokläufer geboren ist man ja heute schnell, doch darüber hinauswachsen, wer tut das schon? (Röggla 2000, 160)

Mit einer Umkehrung der Erzählrichtung, d. h. mit einem rückwärts-Effekt, schließt das *sendermann*-Prosastück. Näherte sich der Blick der Erzählerin zuvor langsam von der Außenseite der Baustelle ins Innere des Hauses, geschieht nun genau das Gegenteil, da man sich am Ausgangspunkt der zitierten Passage buchstäblich in der Mitte des Diskurses befindet, um dann langsam zu einer allgemeineren Perspektive bzw. einer Art Aufsicht zurückzugehen.

Der erste Teil des zitierten Auszugs reproduziert die Rhetorik des hegemonialen Diskurses. Eine unspezifische Stimme versucht, sich vor dem Spiegel (vgl. „morgens ins gesicht") mit einer Art Werbeslogan anzutreiben, welche die Gebote des neuen Jahrtausends symbolisieren: „nicht immer randfigur sein, nein, auch einmal überflieger, geradeausmensch". Szeno-graphisch stellt Röggla hier die Verinnerlichung der neoliberalen Siegermentalität dar. Dieses ‚Diktat' nimmt in jenen gesteuerten und kodierten Redewendungen Gestalt an, die durch alle öffentlichen Kommunikationskanäle zu hören sind. So spiegelt sich in der Struktur des Prosatexts das kommunikative Modell der ‚Sendung', welches die Art menschlicher Bewegung im städtischen Raum bestimmt. In diesem Sinne ist die Figur des Geradeausmenschen als Ergänzung zu der des Sendermanns zu verstehen. In diesem Zusammenhang ist zu betonen, dass Rögglas Text frühzeitig ein konstitutives Merkmal des Alltags im globalisierten Zeitalter registriert, und zwar die zunehmende Geschwindigkeit des Lebensrhythmus. In *Irres Wetter* radiert die rasche Bewegung von Botschaften und Menschen endgültig die räumliche Dimension aus, bis nur noch mediale Stimmen und kein echter Körper mehr existieren. Wurde in den früheren Werken die Fragmentierung des Körpers dargestellt, so ändern sich in dieser Sammlung die Sprach-Raum-Relationen in Form der definitiven Entmaterialisierung des Körpers. Es geht nur mehr um Kanäle, der Rest wird nun „ausgefegt" (Röggla 2000, 160).

In Bezug auf den *sendermann*-Text ist ein weiterer Aspekt relevant, den dessen kreisförmige Struktur sichtbar macht. Am Anfang und am Ende des Textes findet man die Dichotomie zwischen dem für das neue Jahrtausend passenden Individuum und der – der Ich-Erzählerin zugeschriebenen – Figur einer orientierungslosen Amokläuferin. Dadurch entsteht ein deutlicher Kontrast zwischen dem körperlosen Sendermann, der dem immer schneller voranschreitenden Weltrhythmus entspricht, und der ungeordneten, pendelnden Bewegung der Ich-Erzählerin, die sich zu Fuß fortbewegt. In der Entgegensetzung dieser Sprech- und Gangarten spiegelt sich die Diskrepanz zwischen der von dem hegemonialen System induzierten Linearität und einem versprachlichten Bewusstsein, das nach der Subversion der Ordnung strebt, wider. Die Ich-Erzählerin stellt sich also antagonistisch gegen eine konsumierbare Identität, da sie provokativ die Rolle der Amokläuferin bzw. einer für die Kontrollgesellschaft bedrohlichen sozialen Kategorie übernimmt.

Der Sendermann-Prototyp vereint also alle Eigenschaften, die für ein erfolgreiches Leben im neuen Jahrtausend geeignet sind: ständig am Telefon, bewegt er sich schnell von einem Ort zum anderen, kommuniziert, kauft, arbeitet – es fehlt ihm allerdings das Wort. Wie drückt sich diese Figur aus? Welche Form besitzen seine Codes? Davon liefert die Autorin im Lauf der Sammlung ebenso genaue Porträts, wie nun dargestellt werden soll.

Irres Wetter exponiert sich in der Semantik des Falschen, die sich in einer provokativen Zuspitzung des in der Stadt gesprochenen Codes niederschlägt: das *broken english*, „das einzige, was hier noch greift" (Röggla 2000, 6). Das Echo dieser Sprache erreicht im Prosatext *selbstläufer (wettrennen)* seinen Höhepunkt. Röggla inszeniert hier ein Staffelspiel mit alltäglichen Konversationen, die verschiedene Bereiche des gesellschaftlichen Lebens fragmentarisch abbilden. Wurden in früheren Erzählungen der Sammlung die Protagonist:innen durch soziale Epitheta gekennzeichnet (vgl. der „paradeneuköllner", die „h&m-mädchen" usw.), so trifft man in diesem Fall auf zwei generische Stimmen, ein „er" und eine „sie". Bereits die Nicht-Charakterisierung der Sprechinstanzen stellt die Frage der Identitätsmassifizierung in den Mittelpunkt und verbindet sich mit dem Bild der „retroversion":

> in wirklichkeit ist er immer ein anderer, er verwendet die worte eben nur so, guckt dabei ein wenig zur seite, damit man weiß, das ist nicht echt. ganz zigarettenverpennt daneben seine freundin, sie hört ihm erst gar nicht zu, findet die nacht ganz geil. [...]
>
> und jetzt rückt sie mit ihrer sprache heraus, ja, auch sie hat was zu sagen, nämlich wieviel man als webdesignerin verdienen könne. – eine ganze menge nämlich, setzt sie hinzu. – überhaupt, im webbereich – ich sage euch, da steckt das geld! sie sieht uns an: habt ihr das nicht gewußt? (Röggla 2000, 103)

Das Thema der Entfremdung drängt sich schon in den ersten Äußerungen der männlichen Instanz auf, die durch die indirekte Rede zitiert werden: „in wirklichkeit ist er immer ein anderer". Kontrapunktisch wird sie, provokativ auf *Denglisch* als „die englische speakerin" benannt, und damit wiederum durch das neoliberale Diktat charakterisiert: Ihre Interessen betreffen nur die immaterielle Sphäre des Netzes, das als ein Gebiet ökonomischer – und deswegen persönlicher – Affirmation in die Zukunft weist.

Die Kommunikation zwischen den Instanzen folgt einer standardisierten Ausdrucksform, die programmatisch von jeder semantischen Bedeutung entleert wird:

> „stellt euch vor, von einem tag auf den anderen kein deutsch mehr zu können, nur noch broken english."
> – wieso broken english?
> – na, was denn sonst?
> da wissen auch wir keine antwort, doch wir ahnen, mit richtigem englisch fängt die erst gar nicht an. nein, „er sagte: please send me a postcard from kreuzberg.
> er sagte: please I need some sleep.
> und: could you close the door behind you."
>
> doch die englische speakerin, das native speakerchen: sie stößt mehr englisch, als daß sie es spricht – das native speakerchen, so dumm ist sie nun auch wieder nicht. paß bloß auf, habe sie zu ihm gesagt, doch aufpassen war wohl seine sache nicht: kitsch-broken-english schob er vor sich her, kitsch-broken-english gab sie ihm zurück, das hat er dann verwaltet, gesehen hat sie es jedenfalls nicht mehr. und jetzt hat sie den salat: „stellt euch vor, von einem tag auf den anderen kein deutsch mehr zu können, nur noch broken english!"
> – wieso broken english?
> wir verstehen noch immer nicht, nur er zündet sich schließlich eine zigarette an und erinnert sich an freud. (Röggla 2000, 104)

Die kurzen Linien des Dialogs reproduzieren die mechanische Funktionsweise des individuellen Ausdrucks, der aus einer grotesken Zusammensetzung von klischeehaften Formeln besteht, die an einen Sprachführer eine:r unerfahrenen Tourist:in erinnern: „please send me a postcard from kreuzberg"; „please I need some sleep"; „could you close the door behind you." Damit exponiert Röggla die Verflachung des sprachlichen Horizonts, die das *broken english* bewirkt. Auch in diesem Fall handelt es sich faktisch um ein unidirektionales Kommunikationsmodell, innerhalb dessen die Redner:innen sich im Sprechakt nicht begegnen und ihre Rolle auf die reine Funktion des Senders beschränken. Dieser Aspekt zeigt sich ganz deutlich in der Sequenz, in der die Ich-Erzählerin die Zirkulation dieses Codes als einen Teufelskreis der sprachlichen Indoktrination fasst: „kitsch-broken-english schob er vor sich her, kitsch-broken-english gab sie ihm zurück, das hat er dann verwaltet, gesehen hat sie es jedenfalls nicht mehr". In Bezug darauf muss man betonen, dass die Vervollständigung des Spracherwerbsprozesses der männlichen Instanz durch das aus dem Wirtschaftslexikon entnommene Verb „verwalten" signalisiert wird.

Insofern betont Röggla erneut die Herstellung einer wirtschaftlichen Beziehung zwischen dem Subjekt und seiner eigenen Sprache, die als gewinnbringende Bedingung für die Geburt des Sendermanns anzusehen ist. Die Beziehung der Sprechinstanzen ist hierarchisch charakterisiert, denn die weibliche Figur lehrt die männliche durch das *broken english* die Strategie eines erfolgreichen Lebens. Hiermit wird die er-Figur zu einem bloßen Objekt des Diskurses bzw. zu der oben genannten „Informationskonserve". Diese Kommunikationsart erweckt ‚Konsensus' durch Entfremdung, was nicht nur der linearen Sprech- und Körperbewegung des Sendermanns entspricht, sondern auch die totale Dissoziation von Leib und Seele im Gespenstermotiv antizipiert.

Kommunikologisch betrachtet, wird hier – im kleinen Maßstab des Paars – der soziopolitische Prozess der Synchronisation von Amphitheaterdiskursen und Netzdialogen reproduziert, welchem Flusser die „viziöse Automatizität und Autonomie" (Flusser 2007, 73) des zeitgenössischen totalitären Systems zuschreibt: Das Verhältnis zwischen Sender und Empfänger ist nicht das zwischen Subjekten, sondern zwischen Subjekt und Objekt, und dies wird gerade an solchen scheinbaren Rückkopplungen ersichtlich.

Hierbei besitzt jeder Teil der Gesellschaft, unabhängig von seiner Klasse und Bildung, nur eine partielle Vorstellung des Realen, die nicht weitergeteilt und bereichert werden kann, weil sie sich in einer Sprache ausdrückt, die im Wesentlichen auf der Distanz zwischen Subjekt und Wirklichkeit basiert. Somit speist sich das System selbst und nährt dabei die Abschirmung der Imagination, die durch seine eigenen Codes erzeugt wird. Im Hinblick darauf profiliert sich das hier dargestellte *broken english* als im Lauf des Globalisierungsumbruchs entstehende künstlerische Figuration der sprachlichen Kommunikation.

Darüber hinaus gilt es, das Augenmerk noch auf einen letzten Punkt richten. Im oben zitierten Auszug sorgt das Leitmotiv „stellt euch vor, von einem tag auf den anderen kein deutsch mehr zu können, nur noch broken english" für Textkohäsion. Einerseits bekräftigt diese dystopische Phantasie der weiblichen Instanz die Darstellung der zunehmenden Geschwindigkeit, welche die Identität um die Jahrtausendwende auszeichnet. Andererseits scheint sie von besonderem Interesse, wenn man sie mit den Reaktionen der männlichen Instanz am Ende dieser Episode in Beziehung setzt. Sein flüchtiger Gedanke an Sigmund Freud wird von dem Gefühl einer unkontrollierten bzw. passiven Identitätsspaltung evoziert. Darauf aufbauend könnte man dieses subtile Netz diskursiver Bezüge mit der Geschichte von Anna O. in Verbindung setzen; doch das Trauma des zeitgenössischen Individuums findet keinen Fluchtpunkt, weil es sich in der Ausübung einer abgeflachten Sprache erschöpft, anstatt sich aus ihr zu befreien. Daher denkt die er-Instanz flüchtig an Freud, ohne diese Reflexion mit den Umstehenden vertiefen oder teilen zu können. Die fehlende Vertiefung dieses Bezugs könnte man also auf die Flachheit der „retroversion" zurückführen, die von den sprechenden Instanzen an dieser Textstelle völlig assimiliert wurde. Die vom *broken english* geförderte Verflachung des kommunikativen Horizontes führt also zu einer Denkfigur, welche Mensch und Maschine einander annähert. Diese Szeno-Graphie entspricht einem konstitutiven Aspekt der Poetik Rögglas: der künstlerischen Reflexion über die gespaltene Identität als Folge der neoliberalen Ideologie, die sich programmatisch in einer hochexperimentellen Wiedergabe des Sprechens ausdrückt.

Darauf aufbauend enthält die Sendermannfigur im Ansatz auch die Merkmale der Katastrophengrammatik, die als Kern von Rögglas künstlerischer Produktion zu betrachten ist. Dies lässt sich anhand der ersten umfassenden Thematisierung des Katastrophenbegriffs innerhalb der Sammlung feststellen, die sich gerade am Ende von *selbstläufer (wettrennen)* findet:

> nein, in einer weltuntergangsstimmung sei er eigentlich nicht. er will eben partout an das unerklärliche glauben, und auch sie schließt sich da sofort an, schießt sich darauf sofort ein – „unheimlich, nicht?" hat sie ihn auch schon gefragt und macht ihr gefährliches gesicht dazu. [...]
>
> – und doch, ein wenig ängstlich sei sie da schon.
> – ja, das könnte sie verstehen.
> sie verstehe ihre ängstlichkeit schon, und sie wiederum könnte auch was anfangen mit der ihrigen. da verstehen sie sich gegenseitig wieder noch und nöcher. doch auf so einem parkplatz rumstehen und frieren, während man seine ängstlichkeit versteht, kann auch ganz schön angstrengend sein.[...]
>
> sagt doch niemand nein, doch die eigene müdigkeit hat man verschwitzt, und jetzt ist es wohl zu spät. so tun als ob – „wir müssen jetzt los!" sagen, hilft nicht. hilft nicht gähnen, hilft nicht, die augen schließen, sich anlehnen, sich gegenseitig für betrunken halten, hilft nicht. er findet, das sei auch das problem. man sei von anfang an zu nüchtern gewesen. und sowas holt ein, früher oder später -
> „quatsch, uns holt niemand mehr ein!" kurz vor der entgleisung seien sie, geben sie jetzt bekannt. doch man glaubt ihnen nicht. (IW, 118–120)

An dieser Stelle der Verwandlung der Figuren in Sendermänner tritt der Konjunktiv auf, um die Entfremdung der Sprechstimme vom eigenen Leben zu markieren. Das Angstgefühl wird nicht angesprochen, sondern aufgeschoben, obwohl die Bestandteile der Katastrophengrammatik aufgegriffen werden. Es ist wieder das literarische Stolpern, das den Eintritt in eine permanente Alarmbereitschaft markiert. Der Satz „und auch sie schließt sich da sofort an, schießt sich darauf sofort ein" erzeugt eine temporäre Synonymie zwischen den Verben „sich anschließen" und „sich einschießen", die implizit einen kollektiven Zustand der Paranoia zeichnet.

Die „weltuntergangsstimmung" führt also zu der „ängstlichkeit", die sich in dieser Kulisse als dominantes Gefühl dieser neuen Gegenwart etabliert. Das Hier und Jetzt des neuen Jahrtausends besteht dann aus Sendermännern, die sich in Wohnmaschinen austauschen. Ihre Sprache artikuliert sich dann an einem ebenso anonymen und unwirtlichen Raum: dem Parkplatz. Dieser erscheint als neuer Ort des Wohnens, denn es gibt keine Wohnungen mehr, man lebt im Auto und in der Kälte, was an Topographie der Naturkatastrophe erinnert.

Diese dunkle Atmosphäre erreicht ihren Höhepunkt im dritten Teil des zitierten Auszugs, wo die direkte Rede den verfremdenden Fluss des Konjunktivs unterbricht: „quatsch, uns holt niemand mehr ein!". Diese Offenbarung ist von der weiblichen Instanz ausgesprochen, die einen prophetischen Ton annimmt (vgl. den pathetischen Satzbau im Satz „kurz vor der entgleisung seien sie"). Diese Charakterisierung ruft das Bild von Kassandra auf und konstituiert dadurch eine intertextuelle Verbindung zu deren zukünftigen Figurationen in Rögglas Werk, da der Kassandra-Figur der Text *die ansprechbare* in der Sammlung *die alarmbereiten* (2011) gewidmet ist.

Der Text schließt mit der Rückkehr auf die Ich-Instanz, die im Einklang mit dem Ende der Erzählung eine eschatologische Vision akustisch beschreibt:

> *nachts, wenn die vögel ganz laut schreien, so gegen fünf uhr (wenn der himmel langsam wird), wird der himmel langsam weiß, wenn die vögel laut schreien in den bäumen in den baugraben, wenn die flutlichter die einzigen sind, die noch übrigbleiben am himmel und doch schon eine neue helligkeit entsteht, kippt auch die müdigkeit um in eine hellwache aufmerksamkeit für einen moment.*
>
> *nachts, wenn die vögel schreien und der himmel plötzlich weiß wird, dann sieht man sie vorüberziehen, man sieht sie in gruppen oder zu viert auftauchen und verschwinden. den ganzen tag wird es nicht mehr so hell wie in jenem moment, wenn sie vorbeiziehen, richtung u-bahn,*
>
> *s-bahn in der hauptstadtrichtung, wie es heißt. man sagt dann, die himmelsrichtungen geraten in bewegung. sie geraten aneinander, ort und zeit. man sagt dann, nehmt euch in acht, es ist ein unmenschlicher himmel um diese zeit, da hat die luft aufgehört, eine unter tausenden zu sein, dazu der duft der linden, er liegt im endspurt. (endspurt!) wenn sich immer mehr geräusche einmischen, bis die vögel nicht mehr zu hören sind. und es ist nicht zu sagen, ob sie aufgehört haben zu schreien oder ob es am steigenden lärmpegel liegt, daß man sie nicht mehr wahrnimmt. daß man nicht mehr wahrnimmt, wie sie vorüberziehen, wie sie verschwinden.* (Röggla 2000, 121)

Der Auszug stellt das Aufwachen der neoliberalen Metropole durch Motive der Apokalyptik dar. Am Anfang steht eine städtische Landschaft aus „baugraben" und „flutlichter[n]" in der Nacht, die plötzlich erleuchtet wird. Die Vogelschreie kündigen an, dass der Himmel sich weiß färbt und die Stadt sich, Umberto Boccioni folgend, „erhebt": Es fängt der Arbeitstag an.

Das Weiß besitzt eine zentrale Bedeutung in der Offenbarung Johannes, denn es wird am Anfang und am Ende erwähnt, um den ersten der vier Reiter (Offb 6,1–2) und die Ankunft vom „Treuen und Wahrhaftigen" (Offb 19,11) zu beschreiben. Es geht auch in Rögglas Text um eine „neue helligkeit", die unmittelbar den „neue[n] Himmel" im „neue[n] Jerusalem" evoziert (Offb 21,1–2). Der zweite Teil der Vision fokussiert sich auf eine sie-Instanz, die sich „in gruppe oder zu viert" präsentiert. Als Sendermänner bewegen sich diese Figuren im Licht, um die Dunkelheit des Arbeitsplatzes zu erreichen. Diesen Aspekt betont der Satz: *„den ganzen tag wird es nicht mehr so hell wie in jenem moment, wenn sie vorbeiziehen, richtung u-bahn, s-bahn in der hauptstadtrichtung, wie es heißt"*. Diese Liturgie der neoliberalen Arbeit entmaterialisiert also die oben erwähnten Körper-Sprachraum-Relationen, genauso wie die Luft, die ihre Funktion verliert (vgl. *„da hat die luft aufgehört, eine unter tausenden zu sein"*), die im „endspurt" liegende Natur und die sie-Instanz, die am Ende des Textes bloß „verschwindet". Auch in diesem Fall verweist die Zahl Vier auf diese der Reiter in der Offenbarung auf eine offensichtlich ironische Weise, denn Röggla greift die apokalyptischen Motive auf und ‚normalisiert' sie, um die unendliche Wiederholbarkeit der zeitgenössischen Arbeit zu kontextualisieren: Genau dies macht die Vision wirklich eschatologisch. Das zeitgenössische Individuum erwartet kein definitiver Weltuntergang, sondern vielmehr – wie in den nächsten Kapiteln ausgeführt wird – seine permanente Bedrohung.

In *Irres Wetter* liefert Röggla somit ein ethnopoetisches Porträt der deutschen Gesellschaft, das eine stark szeno-graphische Valenz besitzt. Die Stadt Berlin wird in Form einer Bühne des weißen Geräusches dargestellt, durch die sich bloße Arbeitsfunktionen und mediale Dispositive bewegen. In diesem Zusammenhang fungiert die Sendermannfigur als Synekdoche für die *conditio humana* an der Schwelle zum 21. Jahrhundert.

4.4 really ground zero: 11. september und folgendes (2001)

Dank des New-York-Stipendiums des Deutschen Literaturfonds war Kathrin Röggla 2001 in New York. Wie sie in einem Interview mit Annett Gröschner erklärt, diente der Aufenthalt zunächst dazu, am Kernstück zu arbeiten, das später *wir schlafen nicht* (2004) bilden sollte. Die zufällige, aber unwiderrufliche Konfrontation mit einem der entscheidenden Ereignisse für die Gestaltung der aktuellen westlichen Gesellschaft galt als „Katalysator" für die Verwirklichung der dokumentarischen Wende, deren Prodrome in *Irres Wetter* zu finden sind.

> Einen wichtigen Schub habe ich dann aber durch den 11. September 2001 bekommen, als ich, weil ich vor Ort war, den Auftrag hatte, für die »taz«, den »Tagesspiel«, und für den

österreichischen »Falter« Reportagen aus New York zu schreiben. [...] Diese Arbeit war eine Art zusätzlicher Katalysator, aber nicht Auslöser meiner Arbeit mit dokumentarischen Mitteln, wie oft behauptet. Zum Beispiel die Interviews für »wir schlafen nicht« hatte ich schon vorher gemacht. Was der Aufenthalt in den USA bewirkt hat, war, dass ich umgeschaltet habe von kurzen Interviews zu langen Gesprächen. (Gröschner, Porombka 2009, 167)

really ground zero ist als „urbane[s] Tagebuch" (Morgenroth 2014, 213) konzipiert, in dem die filmische Vorstellungswelt der Hollywood-Katastrophenfilme als hermeneutische Kategorie der Wirklichkeit erforscht wird. Das Werk besteht aus den Fotografien der Autorin und den unterschiedlichen Reaktionen auf ein mediales Trauma, das den Beginn einer „Fernsehgesellschaft" (Morgenroth 2014, 201) markiert. Der Bezug auf das filmische Day-After-Paradigma ist von zentraler Bedeutung für die kritische Darstellung der vom Anschlag bewirkten Wahrnehmungsinversion zwischen Realität und Fiktion, da, anhand Morgenroths Lektüre, „[d]er 11. September wie eine nachgeholte Referenz bisher referenzloser und daher als Kunst konsumierbarer Artefakte [da steht] und die menschliche Imagination in ihr Komplement [überführt]: die Wirklichkeit" (2014, 201). Die Autorin ruft diese Vorstellungswelt auch durch die Rückkehr zum Thema der „akustik" (Röggla 2001, 14), als Synthese des urbanen Treibens, auf. Die Stimmen der Gesprächspartner:innen vermischen sich mit Umweltgeräuschen, „militärgeräusche, flugzeugträger, hubschrauber, sirenen, kampfflugzeuge" (Röggla 2001, 14), die sich als optimale Klanglandschaft für eine Szeno-Graphie der wachsenden Panik herausstellen: „auch aufwachen in panik ist mir schon gelungen. aber das liegt wohl wirklich an den geräuschen" (Röggla 2001, 15).

Die Perspektive der Ich-Erzählerin ist bewusst als kulturfremd charakterisiert (vgl. Mergenthaler 2011, Schininà 2018), denn sie fußt auf einer „mitteleuropäischen wahrnehmung" (Röggla 2001, 31). Dieser ausländischen Perspektive folgend, montiert Kathrin Röggla Segmente des öffentlichen Diskurses mit einem Kaleidoskop von Zeugnissen zusammen, in dem alle sozialen Schichten zum Wort kommen. In einer solchen geographischen Bezeichnung erkennt man sofort die Spuren der österreichischen Skepsis – aber nicht nur. Wie Mergenthaler ausführlich erörtert, versucht Röggla mit *really ground zero* das Problem der ethnografischen Forschung im postfaktischen Zeitalter[4] mit dem „erste[n] [...] poetologisch

---

4 Der Begriff *Post-Truth* wurde 1992 von Steve Tesich in einem Artikel in der amerikanischen Wochenzeitschrift *The Nation* geprägt, der sich auf die Rolle der Medien bei der öffentlichen Meinungsbildung konzentrierte und dabei zwischen der Medienberichterstattung über den Watergate-Skandal (1972–1974), der zum Rücktritt von Richard Nixon führte, und dem so genannten *Irangate* (1985–1986) unterschied, bei dem die Reagan-Regierung für den Aufbau eines illegalen Waffenhandels mit dem Iran verantwortlich gemacht wurde. Das Oxford Dictionary, das sich auf Tesichs Verwendung des Begriffs stützt, definiert den Begriff wie folgt: „Relating to or denoting

relevanten Befund" (2011, 232) zu lösen. Diesbezüglich trägt das Vorbild Hubert Fichte unmittelbar zur Ausarbeitung des Werkes bei. Auch Höppner betont den Einfluss von Fichtes Ansatz, vor allem in Bezug auf den Akt des Beobachtens: „Bei beiden Autoren besteht eine Spannung zwischen dem Wunsch, das Beobachtete zu verstehen, und dem Wissen darum, dass der Versuch am Ende vergeblich bleiben muss" (Höppner 2017, 330). Besonders in diesem Fall muss der Versuch vergeblich bleiben, denn was die Hypermedialisierung des Anschlags permanent in Frage gestellt hat, ist eben die Dialektik zwischen wirklich und falsch, vor allem im Rahmen der Kunst, gemeint als Produktionsfeld von künstlichen Narrationen des Realen:

> Wann genau ist Kunst noch Kunst, Wirklichkeit noch Wirklichkeit wenn – und in dieser Frage kommt eine Einschätzung zum Ausdruck, die viele nach dem Anschlag äußerten, die Differenz von Kunst und Nicht-Kunst nach dem 11. September nicht mehr aufrechterhalten werden kann, weil die Linie zwischen dem Lust am Schrecken und dem Glück, ihn nur erdacht zu haben, nicht mehr so ohne Weiteres zu ziehen ist? (Morgenroth 2014, 200)

Davon ausgehend weist die Reportage eine stark metareflexive Komponente auf, welche die Frage nach den Möglichkeiten des Dokumentarischen in einer weitgehend medialisierten Realität einbezieht, denn, wie Morgenroth pointiert formuliert, die Live-Übertragung des Einsturzes der beiden Türme bildet eine Zäsur, die das Umdenken der Konzepte von „Zeit und Räumlichkeit des Schreibens" (2014, 209) erzwingt. Verfolgt die Reportage thematisch die kognitive Verdünnung des Wahrheitsbegriffs infolge der Alltagsmedialisierung, so arbeitet die Autorin formal an dieser Ambiguität durch koexistente Übersetzungsverfahren, die den Post-Trauma-Diskurs in einer doppelten Perspektive aufführen.

Die Autorin operiert in einem gut strukturierten System von Zitaten, das aus zwei Verfahren besteht: einerseits sprechen die Figuren durch die direkte Rede, d. h. auf Englisch, was den Eindruck einer Live-Sendung bewirkt; andererseits durch die indirekte Rede, die die zeit-räumliche und kulturelle Distanz der Ich-Instanz markiert und die Übersetzung der Zeugnisse ins Deutsche impliziert: „sie findet es total krank, dass die leute fotos davon machen. »i can't believe it! they

---

circumstances in which objective facts are less influential in shaping public opinion than appeals to emotion and personal belief". Der Journalist Eric Alterman, der den politischen Umgang mit dem Bombenanschlag während der Amtszeit von G.W. Bush analysiert, spricht von der Tatsache, dass das Attentat auf den Präsidenten der Vereinigten Staaten von Amerika ein politisches Thema war. In Bezug auf dem Mandat von Bush spricht Alterman von einer „Post-Wahrheits-Präsidentschaft". Siehe S. Tesich, "A Government of Lies" in *The Nation*, Bd. 254 Nr. 1, Januar 1992; E. Alterman, *When Presidents Lie: An History of Official Deception and its Consequences*, New York: Viking, 2004, S. 305.

are taking pictures of a catastrophe!«" (Röggla 2001, 7). Somit koexistieren im selben Satz diejenigen zwei „Zeit[en] und Räumlichkeit[en]", die konstitutiv für das dokumentarische Schreiben sind, und zwar das Hier und Jetzt des Interviews und das verschobene Moment der Reinszenierung. Diesem Verfahren schreibt Mergenthaler durch Derridas Übersetzungstheorie die erfolgreiche Aufgabe zu, „zwei Räume ineinanderzubringen" (2011, 241), weil dadurch der Prozess des Verstehens und vor allem des Nicht-Verstehens sprachlich performiert wird. Der dritte Absatz dieses Kapitels wird sich insbesondere auf diesen Aspekt konzentrieren. Weiterhin reflektiert die Koexistenz dieser ‚zeit-sprachlichen' Dimensionen das für Post-9/11 charakteristische „Derealisierungsgefühl" (Röggla 2013d, 14) kritisch, was nachdrücklich den Kern von Rögglas Poetik unterstreicht, und zwar die Sprachkritik als Gesellschaftskritik. Daher gelingt es der Autorin, in Anlehnung an Fichtes Beispiel, das Objekt ihrer Forschung auf der poetischen und poetologischen Ebene gleichzeitig zu schildern.

Anhand des Terroranschlages hinterfragt Kathrin Röggla durch das Reinszenieren von langen Gesprächen mit diversen New-Yorker:innen die zentrale Dynamik des Ausnahmezustands, durch die das Imaginieren der Katastrophe zur wichtigsten Ware für die Kapitalproduktion wird. Ziel der Reportage ist es also, die diskursiven Strategien aufzudecken, durch die die „verbale waffe" (Röggla 2001, 14) der US-Regierung das „nicht wirklich" in ein „really" verwandelt hat.

4.4.1 Die Katabasis als narrative Struktur

Die Problematisierung der Dialektik zwischen dem Wahren und dem Falschen ist bereits im Titel erkennbar, denn das Adverb „really" in Verbindung mit „ground zero" suggeriert die Idee einer kritischen Durchdringung der Manipulationsdynamiken des soziopolitischen Diskurses.

Die Frage nach der Wahrheit wird zunächst im Auftakt des Werkes adressiert, das sich im Zeichen bitterer Ironie öffnet: „jetzt also hab ein leben. ein wirkliches" (Röggla 2001, 6). Wie Carola Gruber anmerkt, markiert das Adverb „jetzt" den „Eintritt in *die* Wirklichkeit" (2011, 324) und positioniert das Werk im Kontext einer neuen, vor allem von die Medien geschaffenen Wirklichkeitskonzeption, da „[d]iese Konstatierung einer Zäsur an die Rhetorik [erinnert], die unmittelbar nach dem Anschlag den öffentlichen Diskurs prägte: ‚Es wird nicht mehr sein, wie es war'" (Gruber 2011, 324). Im Anschluss daran liefert Gruber eine genaue Darstellung der abwechselnden Wortwahl im Text: am meisten erscheinen die Adverbien und Adjektive „wirklich" (Röggla 2001, 7, 19, 73, 96) und „tatsächlich" (Röggla 2001, 7, 9, 12), zusammen mit den englischen „really" (Röggla 2001, 9, 12) und „true" (Röggla 2001, 14, 34. vgl. Gruber 2011, 324–325). Die Autorin spielt also durch die Nuancierung seiner Syntagmen mit der Semantik des Wirklichen, die in ganzer Röggla-Manier eine Entleerung des Begriffs „wahr" in Szene setzt und dadurch dessen Infragestellung hervorhebt.

Das Bild des „ground zero" evoziert plastisch eine Bewegung der vertikalen Zerstörung und fungiert als die Zielsetzung der Ich-Instanz, die sich in verschiedenen Kontexten bewegt, um den Kern des Geschehens zu erreichen. Auch diese Prämissen werden im Auftakt vorgestellt: „der katastrophentourismus wird erst am zweiten tag einsetzen, es kommt einem auch einfach nicht der gedanke, dahin zu gehen, zu »ground zero«, »really ground zero«, dieser mischung aus todeszone, nuclear fall out area und mondlandschaft, die in fernsehen nicht abbildbar zu sein scheint" (Röggla 2001, 9). Die Zeitangabe „zweiter tag" verstärkt die Idee des Eintritts in eine neue Epoche, die zuvor durch das „jetzt" angedeutet wurde. Die Betonung auf das Adverb „really" verdeutlicht die doppelte Bedeutung des Substantivs „ground zero" als konkreter, von Trümmern bevölkerter Ort und gleichzeitig als Untersuchungsobjekt.

Die Richtung dieser Feldforschung richtet sich also auf mehreren Ebenen nach unten. Es handelt sich um eine „Katabasis-Narration" (Parr 2017, 184; Parr 2019, 261) die eine Konzeptdarstellung des Einsturzes durch die Verflechtung von „Sub-Narrationen des irreversiblen Verlustes einzelner Beteiligter" (Parr 2017, 184; Parr 2019, 261) schafft. Parr erkennt eine starke symbolische Komponente in der Gestaltung des Werkes, indem sich die räumliche Route der Erzählinstanz mit der sozialen Durchquerung der Stadt deckt:

> Das Streben der Ökonomie in den höchsten Himmel endet mit hartem Aufprall auf dem Boden, auf dem Level 0, auf dem in New York auch Bettler, Arbeitslose und Outcasts jeglicher Couleur anzutreffen sind. Auf einer noch einmal anderen Ebene spielt Rögglas Text diese Katabasis von Diskursen, insbesondere medio-politischen Diskursen mit ihren vorhersagbaren Mustern, Stereotypen und sich stets wiederholenden Sprechblasen durch und lässt diese Diskurse sich damit selbst totlaufen. (Parr 2017, 184; Parr 2019, 261)

Hierdurch wird dann die Analogie zwischen der Struktur des Romans und Rögglas Reinszenierung des öffentlichen und privaten Diskurses betont, von den in den folgenden Absätzen berichtet wird. Was die Struktur betrifft, beginnt der Weg der Erzählinstanz am konkreten *ground zero*, d. h. am von Fernsehsendungen umgebenen Anschlagsort, bis hin zum eigentlichen ‚ground zero', wo marginalisierte New Yorker:innen ihre Stimme zurückgewinnen können.

Der erste Prosatext konzentriert sich auf die medialen Narrationen der Macht: Man denke nur an den Titel des zweiten Texts, *update*, der sowohl das Funktionieren des Mediengewitters als auch das neue Bedürfnis des Individuums nach ständiger Aktualisierung in einer Zeit der Angst zusammenfasst. Dieser Aspekt verdeutlich sich in der Prosa *mr. speaker!*. Hier schreibt Röggla die Kongresssitzung am 14. September 2001 um, die mit der Bereitstellung von 40 Millionen Dollar für die militärische Intervention in Afghanistan endete.

Es folgen zwei Passagen, die durch die Titel *zwischenspiel 1* und *zwischenspiel 2* signalisiert werden: In der Beschreibung von Präsident Bush während einer Schweigeminute zum Gedenken an die Opfer verweilt die Erzählinstanz bei den Meinungen der Leute, die, weit vom medialen Rampenlicht entfernt, die eigentlichen Adressat:innen des öffentlichen Diskurses sind. Somit wird ein Übergang markiert und die Szene gewechselt.

Der zweite Teil der Reportage umfasst Begegnungen mit Figuren aus dem kulturellen Bereich, wie dem Schriftsteller Eliot Weinberger,[5] der Aktivistin Premilla dixit Nag[6] und dem Journalist Norman Solomon[7]. Diesen sind drei gleichnamige Prosastücke gewidmet. Die Positionierung dieser Texte in Mitte des Werkes spiegelt den schrägen Zustand der Gesprächspartner:innen wider, die in der öffentlichen Debatte eine antagonistische Position gegenüber der offiziellen Narration einnehmen.

Danach kehrt die Ich-Instanz zur Wirkung der Massenmedien auf die Ausbreitung der zukünftigen Alarmbereitschaft zurück, um sich ihrem eigentlichen Forschungsobjekt anzunähern. In *geisterfahrer* montiert die Autorin nicht das Ergebnis von Interviews, sondern die in der U-Bahn belauschten Gespräche, in denen die Effekte der Propaganda deutlich zu erkennen sind: Verschwörungstheorien, denen zufolge „alles ‚elf' sei"(Röggla 2001, 72), plötzliche Manifestatio-

---

5 Amerikanischer Schriftsteller und Übersetzer. Weinbergers künstlerische Praxis ist der von Röggla besonders ähnlich, vor allem in seiner Auseinandersetzung mit dem amerikanischen politischen System. Er hat eine Reihe literarischer Essays über den Irakkrieg und die Regierung von G.W. Bush als US-Präsident verfasst. Siehe E. Weinberger, *9/12. Was ich über den Irak gehört habe*, London: Verso, 2005; E. Weinberger, *Was hier geschah: Bush Chronicles*, London: Verso 2005.

6 Premilla Hobs, amerikanische Aktivistin indischer Herkunft. Unter dem Pseudonym Premilla dixit Nag nahm sie an zahlreichen Protesten gegen die amerikanische Regierung teil. Premilla dixit Nags politisches Engagement erschöpft sich nicht in der ständigen Organisation und Teilnahme an öffentlichen Demonstrationen, sondern umfasst auch künstlerische Experimente als Methode des sozialen Zusammenhalts. Die Aktivistin entwickelt performative und intermediale Projekte, die oft das Medium Radio einbeziehen. Derzeit ist sie Mitglied des Managementteams von Shakti caravan, einer Organisation, die aus zwei Künstler:innen gruppen besteht, die gleichzeitig in den USA und in Indien für die internationale Zusammenarbeit im Bereich der Performance arbeiten. Siehe http://www.shakticaravan.com/aboutus-1[12.03.2024].

7 US-Journalist. Er gründete das Institute for Public Accuracy und schuf damit eine spezielle Online-Plattform, die fundierte Informationen frei von politischer Manipulation liefern soll. Im Jahr 2005 veröffentlichte er seine Untersuchung über die mediale Konstruktion amerikanischer Macht mit dem Titel *War Made Easy: How Presidents and Pundits Keep Spinning Us to Death*. Siehe N. Solomon, *War Was Easy: How Presidents and Pundits Keep Spinning Us to Death*, Weinheim: Wiley, 2005; https://www.normansolomon.com/; http://accuracy.org/ [27.06.2024].

nen der Panik und das starke und weit verbreitete Gefühl, keine vollständige Version des Ereignisses zu kennen. Diesem Fresko von Stimmen in Bewegung folgen dann die Auszüge aus einem Fernsehinterview mit Verteidigungsminister Donald Rumsfeld, das als Konterstimme des vorherigen Texts gilt: „und wenn ich etwas weiß und es nicht sagen kann, werde ich es nicht sagen" (Röggla 2001, 75).

Die letzten Stationen der Reportage sind Figuren der urbanen Unterschicht New Yorks gewidmet, die gemeinsam die *retronormalität* bilden, mit der die ethnopoetische Forschung endet. Schließlich findet man das erste Schlusswort in Rögglas Werk, das von einem fotografischen Porträt der Autorin begleitet ist.

In diesem Sinne stellt die Struktur von *really ground zero* eine Katabasis dar, die sowohl die Verbreitungswege des politischen Diskurses als auch seine unterschiedlichen Rezeptionen vertikal aufzeigt. Darüber hinaus kann man in der katabatischen Struktur des Werkes eine Manifestation der rückwärts-Poetik erkennen, wobei sie sich nicht auf der räumlichen oder zeitlichen, sondern auf der gesellschaftlichen Ebene zeigt. Röggla vollzieht in diesem Werk schrittweise die Produktion von Mediennarrativen nach, um die Perspektive auf die Erzählungen von der Gegenwart zu erweitern. Wie schon früher bemerkt wurde, zielt ein solches Verfahren nicht auf die Bekräftigung der Souveränität der Erzählstimme, sondern trägt zu deren Infragestellung bei, wie es in den abschließenden Zeilen des Schlusswortes zu lesen ist: „– aber überblicke gibt es doch nicht. – ach was." (Röggla 2001, 109).

4.4.2 Das Ritual der Politik

Die ersten poetologischen Auseinandersetzungen der Autorin mit dem Katastrophenthema findet man in den Essays *Die Rückkehr der Körperfresser* und *Geisterstädte, Geisterfilme* (Röggla 2013d), die stark von ihrer Erfahrung in New York inspiriert wurden. Die Katastrophe ist hier als ein „Genre" bezeichnet, durch das man sich in die Wirklichkeit denkt. Diese Wahrnehmungsstörung wurde von derjenigen amerikanischen Filmproduktion beeinflusst, die das Überleben kleiner Gemeinschaften im Angesicht von Naturkatastrophen oder externen Drohungen zum Gegenstand hat. Darüber hinaus unterstreicht die Schriftstellerin die direkte Korrespondenz zwischen der kulturellen Produktion dieses „Genres" und der politischen Spannung, die auf den Konsum der Gegenwart durch Fiktions-Mechanismen abzielt.

> George W. Bush, so erzählte es mir der Essayist Eliot Weinberger, habe in jenen Tagen nach dem elften September Drehbuchautoren eingeladen, um zu erfahren, wie die Story weitergehe.

> „What's the plot?", ist ja auch andauernd zu fragen, vielmehr: Wie heißt das Drehbuch, das uns frisst? [...] Es ist ein Vampirismus des Fiktionalen in Gang gesetzt, alles wird infiziert, mit hineingezogen in eine fiktive Drehschraube, in die weniger die einzelnen Dinge geraten als vielmehr deren Zusammenhang. In Pattern und Erzählstrukturen findet das vampiristische Werk Ausdruck. Nur leider ist dieses Drehbuch, das uns frisst, ein Genre-Drehbuch, das heißt in eine Wiederholungsstruktur eingespannt, die medial erzählte Katastrophe verweist immer auf eine vorgängige und auf eine nächste [...]. Und leider ist das Genre selbst so ziemlich auf den Hund gekommen. (Röggla 2013d, 24])

In dieser Analyse der Erzähl- und Wahrnehmungsformate des Alltags zeigt sich das Objekt der ganzen ästhetischen Forschung Kathrin Rögglas: Sie nimmt die Genres bzw. die Sprechgattungen unter die Lupe, die das fressende Drehbuch der Wirklichkeit konstituieren, und versucht durch diverse Dekonstruktionsverfahren – d. h. die Wiederholung, die Verdoppelung, die konjunktivische Verschiebung und den rückwärts-Effekt – eine Art offene Dramaturgie der Gegenwart zu schaffen. Der Prosatext *mr. speaker!* lässt sich als erhellendes Beispiel dafür nennen. Wie früher erwähnt wurde, geht es in diesem Kapitel um die Kongresssitzung des 14. September 2001, welche die Ich-Instanz als Fernsehzuschauerin beobachtet und protokolliert:

> representantive bob mendez, ein demokrat aus new jersey sagt: there is no difference between democrats and republicans, no difference between congress and president. we are all speaking with one voice.
> und rep. nathan deal (r-georgia): we are the united states of america, we are the united states, we are united.
> rep. jim turner (d-texas): every american stands united ... we stand with you against the forces of darkness ...
> [...]
> rep. chet edwards (d – texas): the success of liberty ... i handed a torch of liberty ... in this vote and in our prayers ... and say yes, we too ...
> rep. marty meehan (d-massachusetts): to use military action against these cowards ... men and woman who serve ... the most well trained force in the world ... (Röggla 2001, 30)

Die Textgestaltung, die an ein Theaterstück erinnert, und die Eröffnung *in medias res* richten die Aufmerksamkeit auf die Ausübung der politischen Sprache. Durch das Cut-Up-Verfahren werden die Kongressmitglieder trotz der unterschiedlichen politischen Identitäten und geografischen Herkünfte als Chor präsentiert, da ihre Äußerungen fragmentarisch zitiert werden. Röggla schreibt also die Sitzung als assoziative Kette um: Die Semantik der vorangegangenen Äußerung kehrt in der folgenden wieder, bis hin zur maximalen Fragmentierung der Aussagen, die nur eine Bedeutung erlangen, wenn man sie zusammenliest. Diese theatralische Textgestaltung verbindet sich inhaltlich mit dem symbolischen Satz: „we are all speaking with one voice".

Die Szene basiert also auf dem Dogma der nationalen Einheit als Grundlage der Strafstrategie, die während der Sitzung beschlossen wurde. Diese rechtspopulistische Rhetorik kommt durch die Erweckung einer Illusion der starken Kollektivität zustande. Diesbezüglich bemerkt Ewa Wojno-Owczarska, die sich intensiv mit der Darstellung des Rechtspopulismus in Rögglas Werk beschäftigt hat, dass in *really ground zero*

> [d]as künstliche „Wir" die Sphäre des medialen Interdiskurses [regiert] und die individuelle Angst dämpfen [soll], die durch erlebte soziale Spannungen und die als unangemessen empfundenen öffentlichen Auseinandersetzungen der Vertreter der demokratischen politischen Parteien ausgelöst wird. (Wojno-Owczarska 2022, 62)

Die Künstlichkeit einer solchen politischen Identität wird in Rögglas Text karikativ radikalisiert, da sie ihren Eingriff in das Archivmaterial durch das Einfügen von Auslassungspunkten markiert. Somit wird die Kongresssitzung explizit nicht in ihrer Gesamtheit dargestellt, sondern als ein Teil, den die auktoriale Instanz bewusst herausgeschnitten hat. Dabei wird auch der Prozess der Montage im Text inszeniert, indem den Leser:innen die Fiktionalität des Stückes enthüllt wird.

Dieses Verfahren erlaubt es Röggla nicht nur, poetisch und poetologisch den „Vampirismus des Fiktionalen" zu kritisieren, sondern auch durch einen theatralen Zerrspiegel die kulturellen Rituale zu reflektieren, die vor allem im politischen Bereich den Alltag prägen.

> das repräsentantenhaus im kongress spricht: es ist ein aufwendiges ritual, das in eigenartigem kontrast zu den inhalten und zu kürze der ansprachen steht. jeder abgeordnete hat nur eine minute zeit, seine entscheidung zu begründen. eine minute, die aber gewaltig umgeben ist, und zwar von dem ritual der congress-ansprachen, denn so einfach geht das ja alles nicht. [...] es sind auch immer zwischeninstanzen da, auch die reden sind an diese instanz des »speakers« adressiert und nicht an eine allgemeinheit, ein ritual, das ich mit meiner mitteleuropäischen wahrnehmung als juristisch und religiös besetzt bezeichnen wurde. (Röggla 2001, 31)

Die Ich-Instanz erklärt an dieser Stelle die ‚Spielregel' des Genres, innerhalb dessen die US-Regierung ihre Macht ausagiert. Die Wiederholung des Substantivs „ritual" weist auf die Theatralisierung solcher kulturellen Prozesse hin, die durch die „mediale Selbstinszenierung" eine spektakuläre Komponente und somit „deren Affirmation durch die den Medien ausgesetzte Masse" (Ivanovic 2006, 115) gewinnen. Genau das ist das Forschungsfeld von Rögglas ethnopoetischem Ansatz: die Beobachtung von kulturellen Ritualen, die mittels der Alltagsmedialisierung neue ästhetische Lösungen für die Schöpfung von Gegennarrationen verlangen. Darüber hinaus konstatiert die Ich-Instanz die theatralisierte Kommunikationsform der Sitzung anhand einer „mitteleuropäischen wahrnehmung", worin die österreichische

Tradition der Skepsis mitschwingt. Die plötzliche Rückkehr zur deutschen Sprache betont diesen Aspekt nachdrücklich. Weiterhin identifiziert die Erzählerin in der Figur des Speakers eine Leerstelle in der Kommunikation, welche das Ritual der Sitzung in ein sprachliches Paradoxon verwandelt. Eben diesem letzten Aspekt ist der Rest des Texts gewidmet. Die Autorin gibt weitere Abschnitte der Sitzung wieder, welche die Figur des Speakers als stummen Protagonisten einer politischen Performance haben, die einen noch nicht beendeten Krieg auf globaler Skala bestimmte.

- »mr. speaker, i yield one minute to the gentlemen from new york, my good friend, mr. holten.
- the gentleman from new york is recognized for one minute.
- thank you mr. speaker. [...]
- gentleman, time's expired, the gentleman from california!
  ...
- mr. speaker, i am pleased to yield one minute to my good friend from rhode island, my distinguished colleague james langevin.
- the gentleman is recognized for one minute.
- thank you mr. speaker. mr. speaker, tonight i rise in support of the resolution authorizing the us forces to combat the terrorist attack ... [...]
- gentleman, time's expired, the gentleman from california!
  ...
- mr. speaker, i am pleased to yield one minute to my good friend from new york, my distinguished colleague gary ackermann.
- ... can only be compared to war, and war, mr. speaker, is what we will give them back. we know which neighborhoods these people live in, we know who their landlords are, we will find out where they get there paychecks, we – will – hunt – them – down. [...] like the beginning of the cold war, we may not be able to foresee the end of this conflict, but, mr. speaker, we can be certain of who the winner will be«, sagt der demokratische abgeordnete gary ackermann am 14.9.2001. (Röggla 2001, 33–34)

Auf der formalen Ebene werden offizielle Formeln wiederholt, die die Sitzungsstruktur als ein Ritual charakterisieren. Hierdurch enthüllt sich das Wesen der politischen Diskursformen als „klar choreographierte inszenierungen", welche die „natürlichkeit des gesprächs" (Röggla 2006c, 100) künstlich reproduzieren. In Anlehnung daran ahmt Röggla solche Strategie *radikal* nach (vgl. Kluge 1975, 217), um ihr Funktionieren innerhalb der Darstellungssphäre kritisch zu hinterfragen.

Die knappen Fristen der Abgeordneten sind von der Figur des „mr. speaker" reguliert, die als Epizentrum des Diskurses gilt, wobei sein Beitrag nur aus diesen Formeln besteht. Wie Krauthausen feststellt, sind

> [d]ie Figuren in Rögglas Prosatexten für Identifikationen nicht geeignet. Tatsächlich erfolgt ihre Konturierung vor allem über die Rede, doch wird diese stets in einer komplexen dialo-

> gischen Situation dargeboten, in der Sprechen und Erzählen, erste und dritte Person der Rede, Präsentisches und Nachträgliches sich unauflösbar verwirren. (Krauthausen 2022, 96)

Demzufolge scheint die Definition der Kongressrepräsentant:innen als „zwischeninstanzen" (Röggla 2001, 31) besonders passend, da sie das Dialogische bloß simulieren, ohne wirklich daran teilzunehmen: Sie leiten ihre Äußerungen an eine stumme Instanz weiter, die einerseits als passiver Empfänger fungiert, da er die Redebeiträge nicht in Beziehung zueinander setzt, andererseits als autoritärer Vertreter des Diskurses, denn er übt die autoritäre Macht aus, das Wort zu erteilen und zu empfangen, ohne jemals darauf zu reagieren. Insofern kann man die Sprechfiguren in der Kongresssitzung dem Archetyp des Sendermanns zuschreiben, da ihre Äußerungen keine Rückkoppelung von Informationen erzeugen. Durch die Reinszenierung der Kongresssitzung bringt die Autorin also die Leere der Kommunikationsfähigkeit und das sprachliche Paradoxon des amerikanischen politischen Systems zum Ausdruck.

In diesem Zusammenhang ist Gary Ackermanns Aussage „we – will – hunt – them – down" sehr interessant, indem die Bindestriche seine rhetorische Strategie visuell darstellen und gleichzeitig auf die akustische Dimension verweisen. Der Satz ist in der Tat eines der Leitmotive des Werkes, das bereits im zweiten Text, *update*, als Zitat von Präsident Bush erscheint.

> oder es wird uns die bedeutung der lage folgendermaßen erklärt: einer spricht von einem »huge wake up call for this city!«, und ein anderer sagt: »this was an act of war«. dieser andere ist george w. bush bei seiner mittwochvormittagsrede. am vortag hat er gesagt: »we – will – hunt – them – down« und »punish those responsible!« (Röggla 2001, 13)

Die Wiederholung derselben Äußerung in unterschiedlichen Kontexten bezeichnet diese als einen zentralen Slogan in einer Medienkampagne, die darauf abzielt, Panik zu schüren, anstatt sie einzudämmen, und unterstreicht die Manipulationsmechanismen des öffentlichen Diskurses.

Zusammenfassend ermöglicht die paroxysmale Aufmerksamkeit auf die Sprache in *mr. speaker!* ein Zoom-In auf die Art und Weise, wie sich die US-Regierung selbst darstellt. Röggla zeigt deren diskursive Strukturen auf, um sie durch die ethnopoetischen Verfahren der Wiederholung und der Selbstinszenierung in einer verschobenen Perspektive darzustellen. Diese Arbeit des Umschreibens historischer Zeugnisse gründet sich auf der Ästhetisierung des Modells des institutionellen Protokolls, das sich für eine Subversion des offiziellen Diktats besonders gut eignet.

Die Selbstinszenierungsprozesse, d. h. die Interventionen der Autorin im Text, bewirken eine Distanzierung zum dokumentarischen Material. Dieser Effekt dient dazu, einerseits das Objekt der Forschung, und zwar die Auswirkungen der medialen US-Politik der Angst, zu verdeutlichen, andererseits das Objekt der Forschung selbst in ein Instrument der Gesellschaftskritik zu verwandeln. Ivanovic bezeichnet Röggla deswegen als „Medienspezialistin", denn „[w]o die Distanz verloren gegangen ist, wird das Medium selbst als Mittel der Distanzierung eingesetzt" (2006, 110).

4.4.3 Das Wesen eines *dixit*

Wie zuvor erwähnt wurde, ist der ethnopoetische Ansatz Kathrin Rögglas besonders in der Modulierung der Zitate sichtbar. Neben der Aufmerksamkeit auf die institutionellen Rituale, aus denen die US-Politik besteht, stellt die Autorin die verschiedenen Ebenen der Traumaverarbeitung durch Übersetzungsvorgänge dar, in denen sich sowohl das Englische und das Deutsche als auch die direkte und indirekte Rede abwechseln, um unterschiedliche Zeit- und Räumlichkeiten im selben Text koexistieren zu lassen Dieses Verfahren gründet sich also auf einem Interferenzsprinzip, das die Differenz zwischen den Ereignissen und ihrer Erzählung pointiert unterstreicht, und es zielt darauf ab, die verschwommene Grenze zwischen dem Realen und dem Fiktiven sprachlich in Szene zu setzen.

Dieser letzte Aspekt kommt im elften Prosatext ganz deutlich zum Ausdruck. Das Kapitel ist Premilla dixit Nag gewidmet, einer Aktivistin, die während einer Demonstration gegen den Krieg in Afghanistan interviewt wurde. Sowohl im Titel als auch im Text wird die Protagonistin nur mit ihrem digitalen Spitznamen bezeichnet, ein Element, das ihre Charakterisierung als *Avatar* nahelegt:

> premilla dixit geht neben mir her. premilla dixit hat es verstanden, ein gespräch anzufangen: »we are all immigrants, aren't we.«[...] premilla dixit sagt, sie komme aus indien und sei hier seit langem, seit 1973, aber sie sei immer wieder zurückgegangen, »back and forth«. premilla dixit sagt, dass sie organisationsarbeit mache, und zwar arbeite sie für die »women's international league for peace and freedom«. nein, sie können nicht behaupten, dass sie die demo organisiert hätten, das sei eine koalition aus gruppen gewesen, die keinen namen haben, [...]. premilla dixit erzählt mir eigenes über die organisation, für die sie arbeite. [...] sie sagt: »the original agenda of the organization was peace and disarmament. so it's been a very leading voice on global peace issues and so on – and in the past four or five years it has staken on a deeper agenda. this agenda includes peace and disarmament and racism and corporate globalization. so finally we have a complete picture«. premilla dixit atmet durch: »and now we can adress a complete platform. because you can't have peace unless you adress the question of racism«. (Röggla 2001, 52–53)

Schon in den ersten Zeilen der Reinszenierung des Interviews markiert Röggla eine gewisse Distanz zur *premilla dixit*-Figur, indem sie ihr Handeln wie in einer Chronik beschreibt: „premilla dixit geht", „premilla dixit hat es verstanden", „premilla dixit sagt", „premilla dixit erzählt", „premilla dixit atmet durch". Die Struktur der Prosa zeigt, wie Röggla den Namen der Aktivistin in ein Leitmotiv verwandelt, das die Momente des Interviews skandiert.

Dank der Übersetzungsverfahren gelingt es der Autorin, ihre Stimme wegzulassen: Sie ist in der indirekten Rede angesiedelt und kann den Schlagabtausch dennoch durch die direkte Rede darstellen, die hier als Ergänzung der im Konjunktiv I formulierten Sätze fungiert. Im Satz „sie komme aus indien und sei hier seit langem, seit 1973, aber sie sei immer wieder zurückgegangen, »back and forth«" impliziert der Konjunktiv eine kritische Distanz zur zitierten Aussage, die jedoch durch den O-Ton der Aktivistin unmittelbar widerlegt wird. Diesbezüglich ist auch anzumerken, dass die englischen Ergänzungen dem Text den Eindruck der Echtzeit verleihen und somit die ursprüngliche dialogische Situation zwischen der Autorin und ihren Gesprächspartner:innen wiederherstellen.

Die formale Infragestellung der Begriffe des „Realen" und „Fiktiven" wird im zweiten Teil des Auszugs thematisiert, in dem hauptsächlich direkte Rede verwendet wird: Die Formel „premilla dixit erzählt" leitet die Äußerungen im O-Ton ein, während im Falle der indirekten Rede die Formel „premilla dixit sagt" verwendet wird. Dadurch entsteht ein semantischer Kurzschluss, denn die Unmittelbarkeit der direkten Rede wird als ein Erzählen definiert, die Distanz des Konjunktivs hingegen als ein Sagen. Besser gesagt: Das Gesagte wird als eine Fiktion präsentiert und das Erzählte als Gesagtes, da die indirekte Rede seine Bearbeitung markiert. Dieser Aspekt steht in engem Zusammenhang mit dem Spiel, das die Autorin mit dem Spitznamen der Aktivistin in Gang setzt. Das Leitmotiv „premilla dixit" macht ihr Profil aus: Was *premilla* in dieser Reportage, sowie in der Öffentlichkeit ist, ist nichts anderes als ein „dixit", d. h. ein Teil des Diskurses und gerade deswegen nimmt sie an Rögglas Reportage teil. Das Wortspiel im Konstrukt „premilla dixit sagt" hebt die sprachliche Natur dieser Figur ironisch hervor, da es sich um eine Verdopplung zwischen dem lateinischen Perfekt „dixit" und dem Präsens Indikativ „sagt" handelt. Es ist gerade diese doppelte Dimension des Schreibens, die die „Verschiebung der Handlung" (Röggla 2012) durch den Konjunktiv erhellt, wobei man das perfekte Funktionieren dieses Grundwerkzeugs des Röggla'schen Realismus erst in *wir schlafen nicht* (2004) beobachten kann.

4.4.4 Schlusswort I

Das erste und das letzte Kapitel von *really ground zero* haben die Stimme der Erzählerin im Zentrum. Was den Auftakt betrifft, wurde bereits konstatiert, dass der Satz „jetzt hab ich also ein leben. ein wirkliches" (Röggla 2001, 6) sowohl die historische Zäsur des Bombenangriffs als auch die Subjektivität der Ich-Erzählerin hervorhebt. Im Laufe des Werkes zeigt sich die Präsenz dieses „ichs" nicht nur im lakonischen Dialogismus und der schriftlichen Darstellung der Montage, sondern auch im häufigen Wiederkehren der Personalpronomen „ich" und „mir", die auf die Anwesenheit eines autonomen und kulturfremden Subjekts hinweisen. Die unterschiedlichen Trajektorien, die in dieser Reportage beschritten wurden, konvergieren dann in dem textuellen Raum, welcher der Ich-Instanz gewidmet ist: im Schlusswort. In diesem metadiskursiven Teil wird die Autorin selbst zum Thema der Diskussion, indem die Ich-Instanz versucht, eine Bilanz ihrer Forschung zu ziehen:

> und zum schluss, was jetzt? etwa ein interview mit mir selbst? nein, so was kann man nicht mehr machen, das geht doch heute nicht mehr. trotzdem, was also hat mich da hineingetrieben, in diesen haufen authentizität. da muss man sich ja erst einmal zurechtfinden, da muss man doch erst einmal überblick gewinnen!
>
> – genau das war ja der punkt: zunächst stand ich vor der frage, was ich damit mache, mit diesem haufen an authentizität, mit diesem scheinbaren aufgehen in einem ereignis, in diesem zu großen bild, in das man plötzlich wie eingezogen ist oder eingezogen wurde und in das man nicht passt, weil es eben zu groß ist. [...]
> – ist ja schon gut, und dann?
> – dann hat sich die situation auseinander bewegt. auf einmal war nicht mehr sicher: wo fängt die persönliche hysterie an, wo die kollektive und wo ist eine echte gefahr da. [...] dabei sollte man doch denken, autoren sollten das können, dies auseinander zu dividieren, zumindest zunächst, um es danach wieder ineinander fließen zu lassen. [...]
> – auch den versuch, aus diesem haufen an ideologemen, aufgebrochenem vokabular, kontextverschiebungen, rhetorischen operationen, schrägen übersetzungen, einen überblick zu bekommen? auch vom haufen der authentizität zum haufen der begriffsverschiebungen?
> – das ist das spannungsfeld der schreibenden. was kann man anders, als darin herumzudümpeln.
> – aber überblick gibt's doch nicht.
> – ach was. (Röggla 2001, 108–109)

Die Substantive, die am häufigsten auftauchen, sind „haufen an authentizität" und „überblick", die für die beiden Impulse der Reportage stehen, und zwar das dokumentarische Material und seine Aufarbeitung. Die Formulierung „haufen an authentizität" bezieht sich auf die unübersichtliche Masse der gesammelten Zeugnisse, die zunächst unförmig erscheinen, da ihnen eine kritische Lektüre fehlt. Ziel des Werkes ist es also, einen „überblick" zu geben, was immer nur teilweise gelingt, wie sich ironisch aus den Endzeilen ergibt. Diese unerfüllbare Spannung, die Ungereimtheiten der Wirklichkeit kritisch zu exponieren, liegt – zusammen mit dem Verhältnis zwischen dem Wahren und dem Falschen auf der Ebene der Darstellung – dem Werk zugrunde. Diese Aspekte sind im Schlusswort in einer breiteren Perspektive miteinander verwoben, da die Autorin versucht, aus den in *really ground zero* reinszenierten Ereignissen auf die allgemeine Frage des Realismus zu schließen.

Im ersten Teil wird die Arbeit an den Quellen problematisiert. Diese Frage nimmt die Züge einer Selbstkritik an, die auf die gesamte Kategorie der Autor: innen ausgedehnt wird (vgl. „dabei sollte man doch denken, autoren sollten das können, dies auseinander zu dividieren, zumindest zunächst, um es danach wieder ineinander fließen zu lassen"). Somit präzisiert die Erzählerin, dass das Post-9/11 ein radikales Beispiel für die Herausforderungen des Realismus in der neoliberalen Gegenwart ist. Das Problem der kritischen Abbildung der Wirklichkeit endet also nicht mit der Kongresssitzung des 14.01.2001.

Davon ausgehend scheint es dann angebracht, festzustellen, dass der Bewusstwerdungsprozess von Kathrin Röggla mit diesem Schlusswort vollendet ist. Am Ende der Prosa formuliert sie eine klare poetologische Deklaration, nach der die durch Montage und Konjunktiv verfremdete Exposition von „ideologemen, aufgebrochene[m] vokubularen, kontextverschiebungen, rhetorische[n] operationen, schräge[n] übersetzungen" das „spannungsfeld der schreibenden" konstituiert. Das Ziel dieser Spannung bzw. der immer scheiternden Suche nach „überblicke[n]", verkörpert sich in dem Substantiv „begriffsverschiebungen", d. h. momentanen Bedeutungsverschiebungen in der Wahrnehmung des Alltagslebens.

Angesiedelt zwischen der Formfindungs- und der Feinabstimmungsphase, zeichnet sich *really ground zero* als das erste Werk aus, in dem die Merkmale des Röggla-Stils konkret in den Dienst der Forschungsabsichten der Autorin gestellt werden. Mit anderen Worten weitet Kathrin Röggla ihre Kritik am herrschenden System auf die formale Ebene aus, indem sie die Grammatik der Katastrophe bis zum *ground zero* offenlegt, um die Ordnung des hegemonialen Diskurses zu dekonstruieren. Der poetologische Prozess, der sich in dieser ästhetischen Konfiguration widerspiegelt, wird in dem bereits erwähnten Essay *Die Rückkehr der Körperfresser*, der als theoretische Reflexion der Autorin über diese Phase ihrer künstlerischen Produktion gilt, ausführlich dargestellt:

> Wir, die wir paradoxerweise Stabilität über Katastrophenerzählungen und reale Katastrophenproduktion herzustellen suchen, vielleicht weil sie mit geschlossenen Rettungsbildern einhergehen, wir werden mit der Veränderbarkeit der Welt leben müssen. Aber zuerst müssen wir die Katastrophengrammatik lernen, weil sie sowieso gesprochen wird, weil sie unser tägliches Brot ist, weil sie die Sprache ist, über unsere Köpfe gesprochen wird, die herrschende Sprache. (Röggla 2013b, 37–38)

Diese Suche und Analyse einer Grammatik der Katastrophe bildet den Kern der dokumentarischen Wende in Rögglas Werk, die bereits in ihren früheren Arbeiten sichtbar ist und mit *really ground zero* eine konkrete Form annimmt. Gerade dadurch ist dem Werk eine hohe Metareflexivität zuzuschreiben, die im ersten eigentlichen Schlusswort des Prosawerks Rögglas gipfelt.

Hier wäre dann zu fragen, welche Rolle das Ich in dieser komplexen sprachlichen Architektur der poetischen und poetologischen Texte spielt, welche Form eine Stimme besitzt, die sich der gattungsorientierten Darstellung der Wirklichkeit entzieht, ohne jedoch aufzuhören, sie zu konstituieren? Anders gesagt: „Wer spricht?" (Kormann 2017, 122). Mit Blick auf *really ground zero* beschreibt Gruber das Ich als Instanz, die „offenbar das Ziel verfolgt, Diskurse zu beobachten, wie sie ins ‚Stottern' geraten und bei einer Panne das eigene Konstruktionsprinzip offenlegen, das heißt die blinden Flecke sichtbar machen" (Gruber 2011, 337). Auch Röggla reflektiert in *Die Rückkehr der Körperfresser* diesen Aspekt und beschreibt den mobilen Standort des literarischen Ichs wie folgt:

> Ja, ich ziehe sie mir rein, die verfügbaren Fiktionen, um hier einmal beim wackligen »Ich« anzukommen, der Textstelle, durch die heute alles durchmuss und um die ich herumeiere seit einiger Zeit, weil dieses »ich« einem im Grunde nur auf den Wecker gehen kann. Dieses hybride Geschöpf, das andauernd ein Zentrum im Text suggeriert, ein Essentialisierungsherd, der die Dinge eher zum Überkochen als zum Kochen bringt. Ein Ort, den es eben nicht geben kann, wo wir doch wissen, dass die Katastrophenfäden längst ungerührt durch ihn durchlaufen, ihn einspannen in die Matrix, die man aus dem gleichnamigen Film kennt. Das »ich« ist nur eine Stelle, ein Aktualisierungsmoment des Diskurses, der uns abspielt. (Röggla 2013b, 31–32)

Diese Definition des Ichs als wacklige Stelle des Diskurses scheint besonders passend für die „Schwierigkeit, wem das Ich im Text zugeordnet werden kann" (Kormann 2017, 129), auf die die Literaturwissenschaftler:innen bei der Analyse Rögglas poetischer und poetologischer Texte treffen. Kormann schreibt diese Ambiguität dem Charakter der „Realfiktion" (Kormann 2017, 127) zu, die ihr Œuvre kennzeichnet. Insofern gilt dieses Ich für die Leser:innen als „Warnungen vor Rattenfängern, die uns vereinfachende Konstruktionen populistisch als Welterklärungsmodelle anbieten" (Kormann 2017, 142). Darüber hinaus bildet das wacklige Ich Kathrin Rögglas, philologisch betrachtet, ein Beschleunigungsmittel für die Verschiebungs-Prozesse, die die Perspektive auf den Untersuchungsgegenstand erneuern. Denn somit wird nicht eine Version der Geschichte einer anderen entgegengestellt, sondern die Tatsache festgestellt, dass objektive, vertrauenswürdige Erzählungen der Gegenwart nicht mehr existieren. In der Darstellung dieser Vergänglichkeit des Ichs spiegelt sich einmal mehr die Poetik Rögglas wider, die auf der kontinuierlichen Re-aktualisierung der seriellen Sprech- und Denkformen des Aufnahmezustands beruht. Das Fehlen der Souveränität jeglicher Erzählung entspricht also mimetisch der soziopolitischen Konjunktur, in der die Autorin sich bewegt, wobei, wie Parr mit Blick auf die letzten Werke der Schriftstellerin bemerkt, „zu fragen [bliebe], wie lange und wie oft eine Autorin dies praktizieren kann, ohne dass ‚die

Permanenz des erzählerischen Ausnahmezustands wiederum' zum Normalfall, zum ästhetischen bzw. poetischen ‚New Normal'[8] wird (Parr 2019, 264). Im letzten Kapitel dieses Buches wird versucht, diesen begründeten Zweifel genauer zu analysieren.

4.5 *wir schlafen nicht* (2004)

wir schlafen nicht ist nicht nur „eine Zombiestory" (Röggla 2014, 33), sondern ein performativer *Theaterroman* über die „Normalität" (Krauthausen 2006, 119), der die Darstellung des Universums ohne zeit-räumliche Grenzen der *New Economy* unter die Lupe nimmt. Nach mehr als dreißig Interviews mit unterschiedlichen Angestellten aus der Beratungsbranche rekonstruiert Röggla *in vitro* das Rückgrat der Arbeitspolitik im digitalen Zeitalter. Sie illustriert es zuerst auf räumlicher Ebene: Wurden die früheren Werke durch die Durchquerung unterschiedlicher Kontexte und Milieus gekennzeichnet, so spielt dieser Roman an einem einzigen Ort mit hohem Symbolwert: der Messe, kein konkreter Raum, sondern eine Veranstaltung, die mit dem wirtschaftlichen Wachstum der daran teilnehmenden Unternehmen verbunden ist. Davon handelt der erste Absatz dieses Kapitels.

In dieser identitätslosen Kulisse konzentriert sich die Autorin auf das Funktionieren der Sprache im BWL-Bereich, einer Fachsprache, welche die Figuren verwenden – nicht nur um zu verkaufen, sondern auch um sich selbst zu definieren. Das liegt an der zentralen Relevanz der Arbeit in ihren Leben, denn sie verkörpern das Modell der „Ich-AGs" (vgl. Bröckling 2013). Um diesen subtilen Gründungsmechanismus der neoliberalen Ideologie zu zeigen, baut Röggla das Werk auf dem „konjunktivischen Interview" (Krauthausen 2006) auf. Es handelt sich um ein literarisches Dispositiv, dass „die Figuren in Zwielicht [geraten]" lässt, „da sie in ihrer Rede der Ich-Form weitgehend beraubt werden" (Krauthausen 2006, 123). Somit gelingt es der Schriftstellerin, ein prägnantes Porträt der zeitgenössischen Entfremdung zu liefern, die in ihrem repräsentativsten Kontext angesiedelt ist. Im Roman geht es dann um die verschiedenen Aspekte des Überlebens im System der *New Economy*, die das zunehmende Verschwinden der Subjektivität im Namen des Profits durch die Inszenierung eines gespenstischen Dialogismus dokumentiert. Die sprachliche Übertragung dieser gesellschaftlichen Dynamik wird im zweiten Absatz genauer untersucht werden.

Es ist gerade bei *wir schlafen nicht*, dass das Paradigma des Gespensts dieses des Sendermanns ersetzt. Das Gespenst-Motiv ist in der philosophischen und

---

[8] Die Zitate stammen aus Lewandowski 2017, 70.

kulturwissenschaftlichen Diskussion eine zentrale Metapher für das Unheimliche geworden, der verdrängten Projektion des Unbewussten im Alltagsleben (vgl. Freud 1982 [1919]). In seinen unterschiedlichen Deklinationen (vgl. Derrida 2004 [1995], Fischer 2015) steht es immer in engem Zusammenhang mit der Sprache, gemeint als dem Bereich, in dem die Ungläubigkeit gegenüber der durch das Unheimliche verfremdeten Wirklichkeit zum Ausdruck kommt. Wie Baßler bemerkt, intensiviert sich die diskursive Präsenz des Gespenstischen nach dem US-Anschlag aufgrund der definitiven Infragestellung des Wirklichkeitsbegriff selbst. Seitdem scheint es nur noch eine entscheidende Frage zu geben: „Wie wirklich ist das, was wir sehen?" (Baßler, Gruber, Wagner-Egelhaaf 2005, 10) Dieser Kurzschluss der Wahrnehmung erweist sich als ein Nährboden für die Verbreitung von Gespenstern im Alltag, vor allem sobald das mediale, soziale und politische Trauma des Anschlags vorüber ist und die Lage des Ausnahmezustands sich normalisiert hat.

Insofern überrascht eine solche Verwandlung der typisierten Sprechfiguren Kathrin Rögglas nicht, denn die rezeptive Haltung des Sendermanns, die ihn zum Wiederholungskanal für den neoliberalen Diskurs macht, radiert das Körperliche endgültig aus und lässt nur die Sprache auf der Bühne. In diesem Sinne ist die Charakterisierung der sprechenden Instanzen als „Talking Heads" (Krauthausen 2006, 119) zu verstehen, die in ihrer Gesamtheit die „Stimme des System[s]" (Kremer 2008, 118) erklingen lassen. Der polyphonische Charakter des Werks wird schon im Titel deutlich, denn das „wir" symbolisiert eine Kollektivität zersplitterter Subjekte, die der Leistungslogik unterworfen sind. Im Anschluss daran soll hervorgehoben werden, dass *wir schlafen nicht* mit der Auflistung der Figuren beginnt, wie ein Theaterstück. Schon aus der Präsentation der Protagonist:innen sind die zentralen Themen des Werkes zu entnehmen, d. h. das Derealisierungsgefühl in Bezug auf die Arbeit und die gespenstische Entfremdung, indem ihre Eigennamen und ihre Positionen gleich schwer wiegen. Die Heterogenität der Arbeitspositionen der sieben Protagonist:innen verdeutlicht die vertikale Organisation des Unternehmenssystems und dient als Synekdoche für die Darstellung des neoliberalen Makrosystems. An der Spitze der Macht stehen *herr gehringer-der partner* und *oliver hannes bender-der senior associate*; *silke mertens, sven* und *andrea bülow* besetzen die Zwischenpositionen der *key-account manager*, des *it-supporters* und der *online-redakteurin*; an der Basis dieser Pyramide steht *nicole damaschke* als *praktikantin*. Wie Christian Kremer bemerkt, verstärken die geringen Unterschiede zwischen den Sprechfiguren die allgemeine Charakterisierung der einzelnen Stimmen als „Stimmwirrwarr", die alle möglichen Deklinationen der Gebote „wenig schlafen, viel arbeiten" (Kremer 2008, 118) umfasst.

Die für das Gespenst typische Eigenschaft der flüchtigen Präsenz findet sich auch in der Charakterisierung der Ich-Instanz wieder. Der Roman ist doch auf der Simulation einer dialogischen Situation aufgebaut, der jedoch die Stimme des

Ichs entzogen ist. Dieses stilistische Verfahren, zusammen mit den hier erwähnten Schwerpunkten, kennzeichnet schon den Auftakt des Werkes. Der einleitende Abschnitt, *0. aufmerksamkeit*, stellt nicht nur der Kontext, sondern auch die von Röggla angewandte Untersuchungsmethode vor, wodurch der Phantomcharakter der Ich-Erzählerin sofort deutlich wird:

> das sei doch nicht interessant. konfliktbeauftragter in sachen israel/palästina, das wäre es. oder diplomaten: [...] solche solle man fragen, das wäre doch interessant. oder politiker. menschen der internationalen politik. nicht unsere politiker, unsere hauspolitiker, haushaltspolitiker. nein, menschen die gar nicht so sehr in erscheinung träten, zumindest zunächst, aber in wirklichkeit die fäden zogen.
>
> – oder diese waffeninspekteure.
> – herr blix.
> – [...] das muss einen doch interessieren so als journalistin.
> – ach, keine journalistin? was dann? (Röggla 2004, 7)

Der Auszug gründet sich auf der ironischen rhetorischen Figur der Antiphrase. Dadurch wird das Ziel der Forschung formuliert, d. h. diejenigen Figure zu beleuchten, die fernab vom Rampenlicht „nicht so sehr in erscheinung träten, zumindest zunächst, aber in wirklichkeit die fäden zogen". Mit anderen Worten handelt es sich um ein Werk über die Menschen, welche die neoliberale Infrastruktur unter allen Umständen funktionieren lassen. *Wir schlafen nicht* inszeniert also die Sprache in ihrer unmittelbaren Aktualität, und zwar als Ausdruckscode der neoliberalen Wirtschaft, die in der immateriellen Dimension der Daten und des digitalen Kapitals die *conditio humana* neu einprägt.

Auf der formalen Ebene erkennt man sowohl die Relevanz des Konjunktiv I, der das Grübeln einer externen Stimme wiedergibt, als auch die lakonische Dialogstruktur, die das Ich nie zu Wort kommen lässt. Die abschließende Äußerung „ach, keine journalistin? was dann?" ist ein impliziter Verweis auf die Gattungsfrage der Werke Rögglas, die sich, insbesondere nach der Veröffentlichung von *really ground zero*, programmatisch zwischen journalistischer Reportage und literarischer Prosa verorten.

Genauso wie in diesem Fall tauchen also deiktische Hinweise auf die Anwesenheit der Ich-Instanz in den einzelnen Kapiteln auf. Diese werden aber im letzten Kapitel, einem Schlusswort, konkretisiert. Auf diesen Punkt wird im vierten Abschnitt dieses Kapitels eingegangen.

4.5.1 Nicht-Orte der Macht in der globalen Landschaft

Das Werk gliedert sich in dreiunddreißig Szenen, in denen alle hier vorgestellten Figuren auftreten. Jeder Abschnitt trägt einen kurzen Titel, der aus einem Infinitiv oder Substantiv besteht und das Thema der Diskussion zwischen den Figuren einleitet. Die einzelnen Titel bilden in ihrer Gesamtheit eine Art Handbuch der neoliberalen Arbeitswelt und bezeichnen zugleich den Pfad der Erzählerin innerhalb dieses Mikrokosmos. Die ersten Kapitel liefern ein Porträt der Protagonist:innen und ihres Umfelds, was sich in den Titeln zeigt: *1. positionierung, 2. die messe, 3. betrieb, 4. standards, 5. life-style*. In der progressiven Entwicklung der Dialoge werden verschiedene Aspekte dieser Arbeitswelt betrachtet, vor allem das komplizierte Verhältnis zwischen dem Privatleben und der Karriere, wie die Titel *10. privatleben, 12. erstmal reinkommen, 19. anpassen* suggerieren. Die letzten Kapitel konzentrieren sich auf die Folgen dieses Lebensstils auf das Individuum: das Auftreten von Panik, Wahrnehmungsstörungen und Abhängigkeiten von Alkohol oder Amphetaminen. Die Reise der Erzählerin durch die Mechanismen der *New Economy* endet in den Szenen *28. gespenster, 29. exit-szenarium, 30. erinnerung*. In diesem letzten Text forciert die Autorin die dokumentarische Dimension bis zu den Grenzen der Wirklichkeit, indem hier eine traumhafte Evokation einer Episode hervorgerufen wird, in der die Figuren in einem Büro einer Leiche gegenüberstehen. Am Ende der Erinnerung rebellieren die Figuren gegen das Ich und gehen wieder an die Arbeit.

Alle diese Geschichten spielen in einzigem Raum: der Messe, ein repräsentativer Schauplatz der zeitgenössischen Macht. Dieses modulare Bauwerk in den Randgebieten der Stadt wird zur räumlichen Umsetzung der Sprache von *wir schlafen nicht*. In ihrer kritischen Interpretation von Rögglas Roman greifen Kyra Palberg und Christine Bähr die Analogie zwischen Raum und Sprache auf und reflektieren das Wesen der Messe als symbolischen Ort, an dem der Kommerzialisierungsprozess der Identität stattfindet. Im Hinblick darauf definieren sie die Messe als „Ort der Selbstdarstellung" (Palberg 2017, 280) und „Ort der Präsentation" (Bähr 2009, 229), denn die einzige Spannung, die die Bewohner:innen dieser Hangars bewegt, ist die Kommunikation, verstanden als Medium für Kauf und Verkauf. Diese Analogie sowie die inhärent prekäre Dimension der Messe als Nicht-Ort hebt auch Christian Kremer hervor, der die Ausgangssituation des Romans als „temporäre Kommunikationsgemeinschaft" (Kremer 2008, 122) beschreibt. Darüber hinaus scheinen die Bemerkungen von Szczepaniak besonders relevant, da sie in Anlehnung an Augés Werk in den Nicht-Orten ein „räumliches Dispositiv" sieht, „das eine provisorische, ephemere, zweckorientierte, eindeutige Kosmologie von einsamen Individuen hervorbringt, aber keine Identität schafft" (2021, 198).

Im Roman wird die Beschreibung des Schauplatzes der Praktikantin anvertraut, die die Ich-Instanz durch ein verschlungenes Labyrinth identischer, hintereinander angeordneter Pavillons führt. Der Text ist nach dem rückwärts-orientierten Prinzip der Montage aufgebaut, das Röggla entwickelt hat: Die Erzählung wird immer wieder durch Leitmotive aufgebrochen, die die Spannung der sprechenden Figur wiedergeben:

> aber ob es wirklich das erste mal sei? sie meine ob es wirklich das erste mal sei? sie könne es kaum glauben. sie habe ja noch nie jemand getroffen, der nicht schon mal auf dieser messe hier gewesen wäre.
> »was? noch auf überhaupt keiner messe?« sie habe gar nicht gewußt, daß es solche leute noch geben würde. (Röggla 2004, 15)

In den ersten Zeilen der Szene fallen sofort zwei für Röggla typische Stilmerkmale auf, nämlich die Schleife „aber ob es wirklich das erste mal sei?", die die verschiedenen Fragmente der Rede der Praktikantin zusammenhält, sowie die bereits in *really ground zero* beobachtete Gegenüberstellung von direkter und indirekter Rede. Diese Art der Montage fordert die Darstellung der Koexistenz verschiedener Materialien und Zeitlichkeiten. Diesbezüglich beobachtet Krauthausen, wie dieser Effekt in *wir schlafen nicht* gerade durch den Wegfall der Erzählstimme erzielt wird, da „[so] über den dokumentarischen und reportagehaften Gestus eine Wirklichkeitsbehauptung für das Geschriebene aufgerufen [wird], aber der Gestus sofort als Gestus ausgestellt und formal gestört [wird], denn es fehlen die Fragen der Interviewerin." (2006, 121).

Das Fehlen einer erzählenden Stimme in den Dialogen ist nicht das einzige Element, das die dokumentarische Untersuchung in ihrer Entwicklung performiert. An diesem Prozess ist auch der vielschichtige Aufbau des Textes beteiligt, der es den Leser:innen ermöglicht, sich gleichzeitig auf zwei Ebenen zu bewegen: zum einen im Hier und Jetzt der Handlung und zum anderen im späteren Moment der Reinszenierung.

> wie sie die hier beschreiben würde? »tja, wo fangen wir da an? da gibt es natürlich erst mal die hallen, die unterschiedlichen hallen, also halle eins bis halle neun und zehn, dazwischen gibt es die freßstände, es gibt die freßstände und den rolltreppenbereich, all diesen junkspace, den man an orten wie diesen hier braucht. also bereiche, die nicht eindeutigen funktionalitäten zugeordnet sind. es gibt die hallen, es gibt die hallen und die unterschiedlichen fachbereiche, die diesen hallen zugeordnet sind, es gibt den rolltreppenbereich und einen presseraum, es gibt mehrere konferenzräume, die man hier so braucht für begleitveranstaltungen, es gibt den eingangsbereich« [...] und das sei nicht zu sagen, denn richtungen hätten hier aufgehört, so himmelsrichtungen, »es gibt nur noch messehimmelsrichtungen, es gibt nur noch halle eins, zwei, drei und vier, und halle fünf bis neun, und es gibt halle zehn, aber die ist ausgelagert. und alles gibt es zweimal: oben und unten, und es gibt den sanitärbereich – anyway – »sollen wir nicht mal eine runde drehen?« (Röggla 2004, 15–16)

Die völlige Entfremdung, die an diesem Ort entsteht, wird im Text durch die obsessive Wiederholung der Substantive „halle" und „rolltreppenbereich" vermittelt. Diese sind die Hauptbestandteile des durch die Messe symbolisierten *junk-space*. Die Praktikantin selbst erwähnt dieses Konzept und deutet damit die Rezeption der Lehre von Rem Koolhaas in Rögglas Werk an. Im gleichnamigen Aufsatz beschreibt der Architekt den *junk-space* als „the product of an encounter between escalator and air-conditioning, conceived in an incubator of Sheetrock (all three missing from the history books)" (Koolhaas 2002, 175). Er betont also dieselben Elemente, die die Praktikantin in ihrer frenetischen Beschreibung der Messe erwähnt. Was die Sprach-Raum-Relationen betrifft, spiegelt sich die überwältigende architektonische Wiederkehr des immer Gleichen in der direkten Rede wider, da die Wiederholung der Substantive mit der Wiederholung der architektonischen Elemente im Raum, aus denen der *junk-space* besteht, zusammenfällt.

Die Messe lässt sich also als ein modularer Ort aus seriell reproduzierten Teilen beschreiben, die in ihrem Zusammenhang die Illusion einer räumlichen Totalität bewirken. Darin bewegen sich „Menschen in ihren Funktionen" (Szczepaniak 2021, 198) und zwar, neben den Protagonist:innen, eine „traurige handy-telefonistin", eine „medienkarawane" und ein „spektakelmann" (Röggla 2004, 16–17). Mit anderen Worten: Es handelt es sich um einen für das Arbeiter-Sein programmierten Ort. Dieser rein künstliche Kontext diktiert seine eigenen Regeln für die Durchquerung, die die der *realen* Welt ersetzen. Dieser Aspekt wird in der folgenden Aussage deutlich, in der die Praktikantin die immanente Orientierungslosigkeit der Messe im Namen des Profits klar ausdrückt: „denn richtungen hätten hier aufgehört, so himmelsrichtungen, »es gibt nur noch messehimmelsrichtungen«" (Röggla 2004, 16). Auch in diesem Fall erklingen die Worte von Koolhaas noch einmal, da er diese Art der räumlichen Organisation als „latent fascism safely smothered in signage, stools, sympathy ..." definiert. Er fügt dann hinzu: „Junkspace is postexistential; it makes you uncertain where you are, obscures where you go, undoes where you were. Who do you think you are? Who do you want to be?" (Koolhaas 2002, 182). Am Ende des Rundgangs über die Messe unterstreicht die Stimme der Praktikantin diesen Aspekt nachdrücklich, indem sie von einer friedlichen Koexistenz „verschiedener unwirklichkeitsgrade" (Röggla 2004, 18) spricht. Dies liegt nicht nur am künstlichen Charakter des Ortes, sondern auch, wie aus der Definition von Koolhaas hervorgeht, an der unaufhaltsamen Bewegung der Figuren, die den Raum nach folgendem Gebot durchqueren: „das wird dann weitergemacht, bis zu ihrer erneuten beweglichkeit" (Röggla 2004, 19).

Diese unaufhaltsame Mobilität reguliert in *wir schlafen nicht* also Raum und Sprache und erzeugt eine Spannung, die jedoch bloß Entropie produziert. Die Struktur des Romans spiegelt genau diese Dynamik wider: Die übliche Wiederkehr von textlichen Leitmotiven erzeugt keine dramaturgische Struktur, sondern wiederholt den Versuch der Ich-Instanz, ihre Gesprächspartner:innen, die ständig von ihrer Arbeit abgelenkt sind, ins Hier-und-Jetzt des Interviews zurückzuholen. Dementsprechend endet die Szene mit der Wiederholung der ersten Zeilen, die jedoch ein neues Gesprächsthema eröffnen:

> aber ob es wirklich das erste mal sei? sie könne das kaum glauben. sie habe praktisch ihre halbe kindheit hier verbracht. sicher, wenn man hier in der stadt wohne, bleibe einem auch nichts anderes übrig, da lande man eben schon auf der messe als kleines kind, sie meine jetzt nicht auf dieser, aber auf messen insgesamt. – »wie gesagt, hier gibt es ja auch volles programm.« (Röggla 2004, 19)

Dieser Auszug steht exemplarisch für das Funktionieren der der Montage in *wir schlafen nicht*. Obwohl das Leitmotiv „aber ob das wirklich das erste mal sei?" einen lakonischen Dialog simulieren sollte, setzt die Praktikantin ihre Erzählung fort, ohne auf ihren Gesprächspartner zu achten. Der diskursive Fluss der Figur wird hauptsächlich durch indirekte Rede vermittelt und durch die direkte Rede „wie gesagt, hier gibt es ja auch volles programm" unterbrochen. Das direkte Zitat leitet einen Registerwechsel ein, der die Sprechinstanz der Evokation ihrer Kindheit, und damit eines Themas, das die Person anstatt die Funktion betrifft, entfernt. Zurück in der Messesituation nimmt die Praktikantin wieder ihre Rolle auf, sie liefert dem stummen Ich das notwendige Material und verschwindet hinter den anderen Arbeitsfunktionen. Die Modulation der Zitiertechniken reproduziert die Denkbewegung der Befragten konzeptionell – eine Bewegung, die als ununterbrochener diskursiver Fluss charakterisiert ist, in dem sie sich selbst unterbrechen, korrigieren, miteinander reden, sich also den Leser:innen als „Sprechmaschine" (Kormann 2006, 234) anbieten.

Die Arbeit am rückwärts-Erzählprinzip, dem in den Analysen der früheren Werke viel Raum gegeben wurde, ist an dieser Stelle abgeschlossen. Nicht zufällig sagt die Praktikantin in Bezug auf den Messegebäude: „und alles gibt es zweimal" (Röggla 2004, 16). Die Äußerung erinnert, leicht geändert, an den Auftakt von *niemand lacht rückwärts*: „alles lässt sich zweimal erzählen" (Röggla 1995, 5). Somit wird ein intertextueller Verweis hergestellt, der in Kathrin Rögglas sprachlichem Experimentieren eine gewisse Linearität der Intentionen erahnen lässt.

4.5.2 Gespenster des Diskurses

Die Funktion des Konjunktivs als verbaler Modus, der Verfälschungen und Bedeutungsverschiebungen ermöglicht, hebt in *wir schlafen nicht* nicht nur den ästhetischen Aufbauprozess des Werkes hervor, sondern ist das charakterisierende Element der Sprechinstanzen, die keine Identität außerhalb einer indoktrinierten sprachlichen Dimension haben. Dies liegt an der prominenten Funktion der Kommunikation in der Beratungsbranche, wie in der ersten Szene des Werkes zu lesen ist:

> *die online-redakteurin*: also das reden sei schnell gelernt, »das haste hier ziemlich schnell drauf!« da sei ja schließlich nichts außergewöhnliches dran, fast hätte sie gesagt »unmenschliches« – nein, mit dem reden habe sie auch nie probleme gehabt, d. h. am anfang schon […].
> ja, am anfang sei sie schon mal ins stocken geraten, nur mit der zeit komme man eben drauf, wie man so vorankomme im gespräch, bis es »läuft«, und irgendwann falle es einem auch nicht mehr auf, »irgendwann merkst du nicht mehr, daß du am reden bist«. (Röggla 2004, 8–9)

Das Sprechen ist also die erste der Fähigkeiten, die die Figuren erlernen müssen, um sich in diesem Arbeitsumfeld zurechtzufinden. Diese Art des Sprechens führt zur Automatisierung der Sprache, was sich im Text durch den Wechsel zwischen direkter und indirekter Rede in Form einer Steigerung abbildet. Zuerst unterstreicht das Einfügen des Adjektivs „unmenschliches" in direkte Rede das Ziel der Selbstoptimierung um jeden Preis. Palberg stellt fest: „[W]enn im Text von Facetten des ‚Menschlichen' gesprochen wird, ist dies immer defizitär konnotiert, und somit eine Anknüpfung an den anthropologischen Diskurs des Menschen als Mängelwesen implizit präsent" (2017, 282). Diese exzentrische Spannung zur Automatisierung führt zu einer Trennung zwischen Sprache und ihrer Quelle, was im Auszug durch den Satz „irgendwann merkst du nicht mehr, daß du am reden bist" angedeutet wird.

Die Protagonist:innen versuchen also ihre Subjektivität in einem Kontext zu verformen, der sich auf einem präzisen, konsumorientierten Sprechformat gründet. Demzufolge wird ihr Wille manipuliert und sie geraten in eine Wahrnehmungslücke zur Realität. Die verfremdende Dimension des Konjunktivs hebt somit die diskursive Natur dieser Sprechfiguren hervor, betont ihre Widersprüche, indem sie die Kluft zwischen der Selbstoptimierungsrhetorik und der faktischen Realität der Neurose synthetisch in Szene setzt, um letztlich ein *realistisches* Bild des Umfelds der *New Economy* zu liefern. Krauthausen betont diesen Effekt der Fragwürdigkeit solcher „konjunktivischer Interviews" auf verschiedenen Ebenen. Zuerst betont sie ihn auf grammatischer Ebene, denn „[d]er Konjunktiv indiziert hier […], dass es sich bei der Figurenrede um eine indirekte, eine vermittelte Rede handelt" (2006, 121). Die Rede ist aus zwei Gründen indirekt: Zum einen liegt es an der hineingesteckten Präsenz der Ich-Instanz, „die den Redefluss der Figuren antreibt und das intime Miteinander von Leser und Figur lenkt bzw. stört" (Krauthausen 2006, 123). Zum anderen „impliziert [der Konjunktiv] keine Wirklichkeitsbehauptung mehr, sondern rückt das Gesagte in einen unbestimmten, nicht-faktischen Raum" (Krauthausen 2006, 129). Es ist gerade diese doppelte Funktion des Konjunktivs, die der Autorin erlaubt, die

Wahrnehmungsstörungen und die Effekte dieses sozialen Systems dokumentarisch darzustellen. Obwohl das Folgende als widersprüchlich empfunden werden kann, bekräftigt diese Erzählstruktur ihr Potential in der dialogischen Situation: Wie kann ein Dialog, d. h. ein wechselseitiger Kommunikationsaustausch, entstehen, wenn es so eine Distanz zwischen den Sprechenden und dem Gesprochenen gibt? Genau das ist der Punkt. Es entsteht nicht ein echter Dialog, sondern dessen unbewusste Simulation, denn obwohl die Figuren die gleiche Ausbeutungssituation teilen, sind sie nicht in der Lage, miteinander zu kommunizieren:

> *die key-account managerin*: „also ich empfind's nicht als belastend."
> *der senior-associate*: trotzdem würde er sagen: ein adrenalinjunkie sei er nicht –
> *die key-account managerin*: „also ich komme damit klar". (Röggla 2004: 177)

In diesem kurzen Auszug verdeutlicht der Wechsel zwischen direkter und indirekter Rede die Kontaktunfähigkeit der Figuren. Die Montage erlaubt die Simulation eines kollektiven Gespräch, in dem die Key-Account-Managerin und der Senior-Associate gleichzeitig – jedoch auf zwei verschiedene Arten – die verheerenden Auswirkungen eines alles durchdringenden Arbeitssystems auf ihre Körper und ihr Leben leugnen. Der Eindruck kommunikativer Unerreichbarkeit verdichtet sich im Laufe des Dialogs. Was jedoch die Verwendung des Konjunktivs für Darstellung der für dieses Milieu typischen Dissoziationen im Roman betrifft, bietet sich die Figur des *partners* als ideal für die Schilderung dieses Themas an, da er der Mächtige unter den Protagonist:innen ist und insofern „schon zu den Untoten [gehört]" (Gürtler 2022, 169).

Der elfte Abschnitt des Romans ist ganz der Arbeitsfunktion dieser Figur gewidmet, deren Position maximaler Macht sogar im Titel zum Ausdruck kommt: *11. aussprechen dürfen*. Es ist anzumerken, dass das Modalverb „dürfen" die Fähigkeit bezeichnet, die Macht des „aussprechens" im Gegensatz zu seinen Mitarbeiter:innen auszuüben. Davon ausgehend soll man beschließen, dass es sich um die Macht handelt, die Arbeit der anderen zu evaluieren und bewerten:

> natürlich habe er fehler gemacht, wer wolle mal das auch bestreiten, besonders im bereich »menschliches« habe er sich oftmals vertan. [...] weil er sehr monoman veranlagt sei, [...] er würde von sich behaupten, er könne so einige probleme lösen, da traue sich niemand andere ran, aber im bereich »zwischenmenschliches« habe er immer noch zu lernen. [...] er müsse ja permanent einschätzungen treffen, er müsse ständig menschen bewerten [...] ja, er müsse noten verteilen, das gehöre eben auch zu seinem job, er müsse sich die menschen ansehen und sie bewerten. und seine bewertungen hätten folgen. das sei nicht so wie bei journalisten, die folgenlos einschätzungen treffen könnten, [...] er stehe als ganze person ein. (Röggla 2004, 80, 81)

Die Partner-Figur verwendet also die Sprache nicht zu kommunikativen, sondern zu produktiven Zwecken. Seine Rolle erfordert es, dass sein Wort wirklich agieren kann, da es eine Veränderung im Zustand des Unternehmens bewirkt (vgl. „und seine bewertungen hätten folgen"). Aus diesem Grund besitzt er eine privilegierte Rolle innerhalb der Unternehmenshierarchie, was aber seine Subjektivität komplett auslöscht. Die sprachliche Unpersönlichkeit dieser Figur wird im Text durch den Konjunktiv I dargestellt. Wies das Zeugnis der Praktikantin, die am Anfang ihrer beruflichen Laufbahn steht, eine Koexistenz von direkter und indirekter Rede auf, so spricht der Partner nur indirekt, da er, angesiedelt an der Spitze der sozialen Skala des Unternehmens, völlig indoktriniert von der neoliberalen Arbeitsmentalität ist. Die einzigen Elemente in direkter Rede sind die Substantive „menschliches" und „zwischenmenschliches", die, so betont, dasjenige Territorium abgrenzen, das der Partner nun verlassen hat, um das semantische Feld des Bewertens zu bewohnen. Noch verfremdender klingt dann die Äußerung „er stehe als ganze person ein", wo das Verb „einstehen", das normalerweise im Zusammenhang mit der Präposition „für" zu finden ist, hier in einer absoluten Tonart verwendet wird. Was aus dieser Aussage hervorgeht, ist also das radikale Festhalten an dieser Handlung seitens des Partners, der als „ganze person", d. h. in der Gesamtheit seines Wesens, dieses Amt verkörpert.

Der Partner stellt somit die letzte Stufe der Entfremdung dar, die durch das System der *New Economy* ausgelöst wird. Diese Automatisierung erhält einen erheblichen symbolischen Wert im Kapitel *14. politikbesuch*. Wie bereits erwähnt, ist ein großer Teil des Romans der Neurosenschilderung der Sprechfiguren gewidmet, die den Zustand tiefer Einsamkeit und die Abhängigkeit von schädlichen Substanzen hervorheben. Anstatt im ständigen Konsum von schädlichen Substanzen oder in depressiven Episoden zeigen sich die körperlichen Auswirkungen der übermäßigen Arbeitsbelastung auf den Partner im Verlust der Stimme:

> *der partner*: ja, er habe seine stimme verloren, also komplett verloren. »da gings nicht mehr« und in seinem job müsse man eben eine stimme haben, ohne stimme laufe da gar nichts. ihm scheine so im nachhinein, daß die stimme mitunter sein wichtiges werkzeug sei, das sei ja etwas fürchterlich interaktives, so seine arbeitssituation. andauernd kommunizieren, meetings abhalten und nochmals kommunizieren. [...] seine frau habe dann gesagt, es sei erschöpfung, ja, sie habe sogar von einem burnout gesprochen. aber er finde nicht, daß man immer gleich von einem burnout sprechen müsse. [...] er habe zunächst mit stimmtraining begonnen, danach habe er kurse in sprachtechnik besucht, er habe es sogar mit entspannungstechniken versucht – einzig hypnose habe letztendlich bei ihm etwas geholfen, ja, „lachen sie nicht!" (Röggla 2004, 107–108)

Der Konjunktiv beraubt den Partner stilistisch seiner Stimme, während er inhaltlich gerade von diesem Verlust berichtet. Gegenstand seines großen Bedauerns ist jedoch das plötzliche Fehlen eines wichtigen Werkzeugs für die Machtausübung und nicht für den Ausdruck seiner Subjektivität. In diesem Sinne ist die Fähigkeit, sich stimmlich auszudrücken, nicht mehr mit der Identität eines autonomen Subjekts verbunden, sondern mit der Aktivität des Kaufens und Verkaufens, da sich in diesem Geschäftssystem die Identität nicht mehr in der körperlichen, sondern in der kommerziellen Dimension konstituiert: „If you do not communicate you do not exist, and communicating means selling, and also selling oneself" (Schininà 2019, 231). In diesem Zusammenhang ist es auch interessant anzumerken, dass die Heilung von der Aphonie dank der Arbeit am Unbewussten erfolgt: Die Hypnose tritt somit als Spiegel des Schlafs auf, eines körperlichen Zustands, den die Protagonist:innen abgelehnt haben.

Ausgehend von Sybille Krämers Definition der Stimme als „Spur des Körpers in der Sprache" (2002, 340) kann man schließen, dass der Partner keine körperliche und daher keine menschliche Eigenheit besitzt. Diese Figur ist nicht als indoktrinierter Mensch dargestellt, sondern eher als „Sprechmaschine" (Kormann 2006, 234). Diese Verwandlung des Partners liegt an seiner vollständigen Verkörperung des neoliberalen Diktats, was sich aus dem Redefluss ergibt, der paradoxerweise jedes körperliche Attribut auslöscht und der Stimme den Status eines Arbeitsapparats verleiht. Gerade in diesem Sinne handelt sich im Roman um Gespenster des Diskurses.

Das neue Gespenst-Paradigma der Sprechfiguren fußt also auf der radikalen Verwendung des Konjunktivs, der diesen Zustand der körperlichen Entmaterialisierung in einer Dimension darstellt, die gleichzeitig unwirklich und möglich ist. Diese gespenstische Atmosphäre, die zwischen dem Wunsch nach Erfolg und der harten Realität der neoliberalen Wirtschaft schwankt, ist der Kern vom Abschnitt *30. erinnerung*, in dem der Partner, die Key-Account-Managerin und der Senior Associate von ihrer Begegnung mit einer Leiche erzählen. Wie im gesamten Roman erscheinen die Zeugenaussagen in Form von Dialogen, die keine wirkliche Kommunikation zwischen den Beteiligten darstellen. Das Erkennen der Leiche findet in drei verschiedenen Momenten und an drei verschiedenen Orten statt:

> *der partner*: [...] nur das knistern im teppich und das knistern am bildschirm, das knistern in eigenregie inmitten der luft. er habe die ameisen in den wänden gehört, er habe den himmel draußen gehört, wie der himmel keine luft mehr enthalten habe, so blau habe er auf ihn gewirkt. ja, er habe gehört, wie der himmel keine luft mehr enthalten habe, nur noch dahingejagt sei in seinem ewiggleichen blau. und dieses geräusch sei so unsagbar laut geworden, so daß es alles andere übergedeckt habe, wäre da nicht dieser jemand gewesen, der vor der zimmertür gestanden sei. ja, immer deutlicher habe er auch dieses warten vernommen, dieses zögern, den griff zur tür, der hängengeblieben sei mitten in der bewegung, als habe die person geahnt, was da in diesem raum zu sehen gewesen sei. und jetzt wisse er auch, was dazu gewesen sei, jetzt wisse er, wer sich mit ihm in diesem raum befunden habe.
>
> *die key account managerin*: [...] eine spannung sei in der fahrstuhlkabine gewesen, die den ganzen raum elektrisch aufgeladen habe. eine spannung, die unerträglich gewesen sei, die

jeglichen widerstand einkassiert habe, aber da hier nichts mehr einzukassieren gewesen sei habe sich die wahrnehmung auch bald verloren. das, was sich jetzt in bewegung gesetzt habe, sei gar nicht dagewesen, habe woanders stattgefunden. woanders, wo sie vermutlich selbst abgeblieben sei. denn plötzlich kommt ihr der verdacht, daß sie in diesem zimmer nicht nur dringewesen sei, sondern vermutlich sich auch in wirklichkeit immer noch dort befände und dort auf einen körper sähe, der nicht zu ihr gehörte, aber sie wisse jetzt auch, wer das sei.

der senior associate: [...] man kenne das ja, wie irgendwo glastüren auf- und zugehen, wie glas eben so plötzlich auseinandergehen könnte, das man zuvor von hand nicht auseinanderbekommen habe. plötzlich seien sie da gewesen. sie alle hätten sich schnell zu rückbewegt, rückwärts bewegt, auf telefone zu, auf tankstellen, anschlußstellen an einen ordentlichen ort. den krankenwagen habe er nicht gehört. [...] ja, er erinnere sich jetzt, wie er sich gedacht habe: »da hat wohl jemand seinem leben ein ende gesetzt«, aber dazu habe es keinen plötzlichen grund gegeben. nur das gefühl, durch eine permanente katastrophe zu gehen. einen permanenten krisenzustand wahrzunehmen, das gefühl, dieser sitze in allen geräten drin, dieser sitze auch auf der wand, die er nicht habe sehen können, weil sie sich ja hinter ihm befunden haben. und nur für einen moment habe er auch den körper erahnen können, der da am boden gelegen sei, nur einen moment, »aber trotzdem erkenne ich *sie* wieder«. (Röggla 2004, 210–215).

Beim Vergleich der drei Geschichten, die auf den ersten Blick leichte formale Unterschiede aufweisen, zeigt sich eine gemeinsame Struktur. Die Vorahnung des dramatischen Endes der Geschichte hat die Form eines Kurzschlusses: Der Partner beschreibt ein unheimliches Knistern, die Key Account Managerin spricht von einem plötzlichen Anstieg der elektrischen Spannung im Fahrstuhl, und der Senior Associate hört etwas wie ein zerbrochenes Glas. Diesen akustischen Drohsignalen folgt eine Verdunkelung der Umgebung sowie der Wahrnehmung der Protagonist:innen. An dieser Stelle nimmt die Erzählung einen lyrischen Ton an, der an die Überarbeitung des eschatologischen ‚Genres' in *Irres Wetter* erinnert: Der Partner spricht von einem bleiernen und erstickenden Himmel, die Key-Account Managerin erkennt ihre kognitive Dissoziation und schließlich drückt der Senior Associate das gemeinsame Gefühl der Katastrophe aus, auf dem diese ebenso singuläre wie kollektive Halluzination beruht. Auf dem Höhepunkt der Spannung bricht die Wirklichkeit des Todes in die Aussagen der drei Figuren ein, die gezwungen sind, sich mit der Leiche auseinanderzusetzen. Die Identität dieser Leiche ist absichtlich zweideutig. Einerseits lassen die Zeugnisse des Partners und der Key-Account Managerin denken, dass der leblose Körper eine Projektion ihres eigenen Zustands als Gespenster des Neoliberalismus darstellt (vgl. „und jetzt wisse er auch, was dazu gewesen sei, jetzt wisse er, wer sich mit ihm in diesem raum befunden habe"; „dort auf einen körper sähe, der nicht zu ihr gehörte, aber sie wisse jetzt auch, wer das sei"). Andererseits spricht der Senior Associate explizit von einer im Text kursiv hervorgehobenen „*sie*", die möglicherweise auf die Online-Redakteurin hindeuten könnte, denn sie ist die einzige, die in dieser Phase des Romans fehlt.

Schließlich ist anzumerken, dass neben der Wiederkehr der *Topoi*, die bereits in den vorangegangenen Arbeiten eine zentrale Rolle spielten, der Senior Associate den permanenten Krisenzustand mit dem Begriff der Katastrophe in Verbindung bringt. Dieser Aspekt ist von großer Bedeutung, weil, wie Christa Gürtler bemerkt, Kathrin Röggla den Kontext der New Economy auswählt, „nicht um eine polemische Denunziation der Menschen in der Beratungsindustrie" zu verfassen, sondern um „einige Gespenster der Gegenwart [zu entzaubern]" (2022, 170). Dadurch zeigt die Schriftstellerin, „wie die neoliberale Ideologie die Menschen zu Untoten macht" (Gürtler 2022, 172). Mit anderen Worten: In diesem Milieu ist die gespenstische Kondition des zeitgenössischen Individuums gerade aufgrund der Zentralität der Kommunikation besonders sichtbar, was die hier analysierte experimentelle Verwendung des Konjunktivs ins rechte Licht rückt.

4.5.3 Schusswort II

Die Latenz der Ich-Instanz, auf der das Dispositiv des „konjunktivischen Interviews" (Krauthausen 2006) basiert, wurde an dieser Stelle der Analyse mehrfach erwähnt. Im Verlauf des Werkes deuten die Figuren oft auf eine Präsenz hin, die jedoch nur am Anfang und am Ende endlich zum Wort kommt:

- geht's los?
- läuft das ding?
- kann man schon reden? (Röggla 2004, 11)

- »zitiere mich ja richtig!«
- »was? das kannst du nicht?«
- »und was kannst du sonst nicht?« (Röggla 2004, 38)

- das haben *sie* gesagt! nein, er würde das nicht so bezeichnen.
- Auch das haben *sie* gesagt! (Röggla 2004, 178)

Durch die expliziten Verweise auf die Interview-Situation lässt Röggla den Leser: innen die phantasmatische Präsenz einer externen Figur erahnen, die in den Kapiteln *31. streik* und *32. wiederbelebung (ich)* immer deutlicher wird. In dem ersten wird die Rebellion gegen die Interviewsituation inszeniert und dadurch die Präsenz einer Chronist:in signalisiert:

- ja, was ist jetzt mit *ihnen*? *sie* sind ja auch andauernd dabei?
- er hat sich langsam gedanken diesbezüglich gemacht. »warum machen sie das? [...]
- er meine, es werde ihm jetzt bewußt. »überall sehe ich *sie*.« [...]

da könne man sich schon fragen: »in welchen durchhalteparolen stecken sie drin?« oder besser gesagt: »in wessen durchhalteparolen halten sie sich auf? ihre eigenen sind es ja nicht, oder?« (Röggla 2004, 216–217)

In der zweiten, so Krauthausen, „wird die grammatische Ordnung wiederhergestellt und der irritierende Konjunktiv in seine Schranken verwiesen" (2006, 135). Es ist von grammatischer Ordnung die Rede, da der letzte Abschnitt, der dem einzigen Ich in einer Gruppe von Ich-AGs gewidmet ist, vollständig im Indikativ geschrieben ist.

ja, was musik alles ausrichten kann! die beiden partner trudeln wieder ein. und leute, die begeistert sind von ihren steueroptimierungsplänen. auch wieder da. [...] ja, kann man alles in das bwler-deutsch packen.

das würden sie jetzt sagen: »aber auch die ganzen power-point-präsentationen sind wieder da.« [...] wieder da: die schlechte messeluft. würden sie jetzt sagen: »ja, es ist alles wieder da. doch messe als ständiger aufenthaltsort geht eben nicht.« [...]

doch selbst die gibt es jetzt wieder: die podien, die suggerieren, daß man nicht nur privatwirtschaftlich zusammensitzen kann. wo man beispielsweise über themen reden kann, die längst ihren schrecken verloren haben. beispielsweise »videoüberwachung im öffentlichen raum«. [...] ja, auch wieder da, die rede von kriminalitätsschwerpunkten, doch kriminalitätsschwerpunkten wird man keine finden in dem raum, [...], würden sie sagen. aber machen sie nicht. sie sagen das jetzt nicht, sie lassen das jetzt sein. sie machen da jetzt nicht mehr mit. (Röggla 2004, 219–220).

In dieser ‚Wiederbelebung', auf die der Titel anspielt, wackelt das Ich nochmals, denn die Forschungsbilanz wird durch die Antiphrase formuliert. Durch dasselbe Stilmittel, das im Auftakt beobachtet wurde, rekurriert die Ich-Instanz auf die im Roman angesprochenen Themen, ohne jedoch eine persönliche Meinung direkt zu äußern, wie im Schlusswort von *really ground zero*. Zunächst wird der Gegenstand der Forschung erwähnt, nämlich die Sprache, die nicht mehr auf die Kommunikation abzielt, sondern auf das Kaufen und Verkaufen: „ja, wieder da, das ganze bwler-deutsch, ja, was kann man alles in das bwler-deutsch packen". Dann spricht diese indirekte Stimme von der Messe, die wegen ihrer immanenten architektonischen Vergänglichkeit eine solche Sprache erweckt. Des Weiteren fokussiert sich die Rede auf gesellschaftliche Aspekte, die im Roman fehlen, quasi um seinen Wert zu schmälern. Das Leitmotiv „auch wieder da" suggeriert die Idee, dass die Probleme der Gegenwart zu groß sind, um literarisch behandelt zu werden. Da es sich um eine Antiphrase handelt, bedeutet dieser Satz aber sein Gegenteil und öffnet somit die Diskussion über das literarische Engagement. Dieses Kritikfeld wird von Kathrin Röggla selbst in ihrer Rede anlässlich der Verleihung des Bruno-Kreisky-Preises aufgegriffen, den sie 2004 für *wir schlafen nicht* erhielt:

> „der preis für das politische buch?" wurde ich gefragt, „du schreibst doch gar keine sachbücher? oder schreibst du jetzt doch sachbücher?" für mich als autorin sogenannter belletristischer bücher dürfte es eigentlich keine unterscheidung geben zwischen politischer und anderer, also unpolitischer literatur. wir befinden uns mit der literatur auf einem ästhetischen, nicht auf einem politischen feld. sicher, literatur kann politische effekte haben, sie kann politisches thematisieren, aber nicht per se politisch sein. und doch gibt es schleichwege des ästhetischen durch das politische und umgekehrt, trampelpfade oder auch paradestraßen, die eben immer wieder zeigen, daß das ästhetische und das politische sich durchdringen. die frage, ob es sich dabei um ein gewaltverhältnis oder ein subtiles und kritisches miteinander handelt, ist dabei sicher als erste zu stellen. am spannendsten scheint mir, wenn die klaren zuordnungen nicht mehr funktionieren und eine produktive verwirrung entsteht, die einen konfliktknoten deutlich werden läßt. (Röggla 2004b, o.S.)

In der Rede formuliert Röggla eine Konzeption des „Politischen" als möglicher Effekt der literarischen Tätigkeit und nicht als ihr ultimatives Ziel und unterstreicht damit ihr Interesse an den Strukturen der Macht, die durch die Analyse des Alltagsdiskurses sichtbar werden. Ihrem Experimentieren mit den kommunikativen Mechanismen der Gegenwart liegt also eine Trennung zwischen Ästhetik und Politik zugrunde, gerade weil sie diese beiden Sphären neuartig bzw. subversiv in Dialog vermischen kann, um die scharfen Kontraste der Wirklichkeit zu zeigen.

> das literarisch-ästhetische ohne seine spannung zum politischen zu denken, scheint mir jedenfalls unmöglich, das hat zunächst ganz banal etwas mit der gerichtetheit der texte zu tun. sie sind kommunikationen, also ist ihnen auch ein soziales verhältnis eingeschrieben – und dieses soziale ist nicht interesselos. sie sind aber nicht nur kommunikationen, sondern auch gesten, funktionieren in einem bestimmten rahmen, sind kontextualisierungen ausgesetzt und arbeiten mit diesen. es kann nicht darum gehen, diese spannung zwischen ästhetik und politik zu entschärfen, sondern im gegensatz scharf und sichtbar zu machen. (Röggla 2004b, o.S.)

Die ästhetische Überarbeitung der Wirklichkeit ist daher als die eigentliche Triebfeder von Rögglas künstlerischer Praxis zu betrachten, die erst dadurch einen politischen Wert erhält. Auch hier erklingt das Echo der Stimme Hubert Fichtes, der den Begriff des *Engagements* als eine Spannung, die sein Schreiben antreibt, und nicht als dessen Gegenstand intendiert. In Bezug auf seinem Erfolgsroman *Die Palette* (1968), stellte er fest: „ich halte die ‚palette' für ein hochengagiertes buch ... aber in den partikeln des engagements engagement-los" (zit. in Röggla 2002, o.S.).

wir schlafen nicht kann daher als der Roman betrachtet werden, in dem die Autorin ein produktives Dialogfeld zwischen Ästhetik und Politik schafft. Insofern gilt dieser Text als erste Station jenes „gespenstischen Realismus" (Schöll 2019), durch den Röggla die Symbolik des Gespensts als Doppelgänger der Macht bekräftigt.

4.6 *die alarmbereiten* (2010)

In dem Prosaband *die alarmbereiten* (2010) geht es explizit um das Paradigma des Ausnahmezustands. Die Sammlung besteht aus sieben Kurzgeschichten, die in ihrem Zusammenhang ein Mosaik von Perspektiven auf die sprachliche Krise der Gegenwart bilden: Der Band öffnet sich mit *die zuseher*, dem Protokoll einer Tagung einer „desastertourismus-agentur" (Röggla 2010, 26), auf der die Teilnehmer:innen sich üben, auf hypothetische zukünftige Katastrophen zu reagieren. Es folgt die Kurzgeschichte *die ansprechbare*, die hingegen ein Telefongespräch zwischen zwei generischen Instanzen über den Klimanotstand schildert. Der dritte Text, *der übersetzer*, handelt von einem alten Berater beim Auffrischungskurs über die wirtschaftliche Rezession. *Die erwachsenen*, die vierte Geschichte des Bandes, rückt ein Treffen zwischen Eltern und Lehrer:innen in einer Grundschule, die wiederkehrende Fälle von kindlichen Depressionen und Selbstmord erlebt, ins Licht. In *das recherchengespenst* werden dann die internen Dynamiken in Nichtregierungsorganisationen analysiert; *wilde jagd* ist einer Umschreibung der Folgen des Natascha-Kampusch-Falls[9] gewidmet. Die letzte Kurzgeschichte, *deutschlandfunk*, ist im medialen Raum des Radios angesiedelt, in dem ähnliche Szenarien wie im vorangegangenen Text diskutiert werden.

Bei der Betrachtung dieser kurzen Zusammenfassungen ist die weitere Erforschung des Katastrophenbegriffs unmittelbar zu erkennen, die Röggla in diesem Werk vorgenommen hat. Ging es in *really ground zero* um das mediale Einpfropfen des Day-After-Paradigmas im Alltagsdiskurs und in *wir schlafen nicht* um die Katastrophe als einen durch das neoliberale Arbeitsmodell ausgelösten Zustand, so ist in *die alarmbereiten* eher von Zukunftsprognosen und apokalyptischen Projektionen, kurz von permanenten mentalen Alarmzuständen die Rede. Dadurch geht die Autorin noch tiefer in die kommunikativen Mechanismen des Individuums, sie erreicht also ihre feine Struktur (vgl. Krauthausen 2022, Kammer und Krauthausen 2020), die sich weiterhin im sozialen Diskurs viral verbreitet und in der sich die Ausübung der zeitgenössischen Macht abspielt. Daher spielt diese Erzählsammlung, im Gegensatz zu den anderen Werken, nicht in einem bestimmten Milieu, sondern in einer Pluralität von Kontexten, die trotz geografischer und sozialer Unterschiede nach einem einzigen Schema denken. Auch Rutka unterstreicht diesen Aspekt, indem sie einen „medial gesteuerten, gesellschaftlichen Vorgang" (2014, 110) als den Gegenstand der Sammlung identifiziert. Der Titel

---

[9] Es ist erwähnenswert, dass auch Elfriede Jelinek in *Winterreise* diese Episode darstellt. Siehe E. Jelinek, *Winterreise*, Reinbeck bei Hamburg: Rowohlt Verlag, 2011.

stellt also ein Kollektiv dar, in dem nur scheinbar unterschiedliche Seinsweisen zusammenkommen.

Die Sammlung setzt sich dann aus einer Vielzahl von Stimmen zusammen, bei denen sich Spekulationen und Verschwörungstheorien mit den sogenannten Expertenmeinungen in derjenigen Hoffnung überlagern, dass die Ausnahme zur Regel wird. Dementsprechend findet die Erzählung dieser singulären – und zugleich kollektiven – Ausnahmezustände in der Verschiebung des Konjunktivs statt. Daneben findet man auf der stilistischen Ebene nun auch das Protokoll als Erzählform und eine weitere Deklination des Rückwärtsprinzips, die Rögglas realistische Ästhetik weiter ausarbeiten. Diese ästhetischen Dispositive reproduzieren die organische Vermischung von bedrohter Wirklichkeit und apokalyptischem Phantasieren – eine Vermischung, welche die diskursive Realität bildet. Krauthausen unterstreicht mit Blick auf die Kurzgeschichte *die ansprechbare* genau, wie diese permanente Erregung die Gestalt einer Sprache im Ausnahmezustand annimmt:

> Der freigesetzte Konjunktiv aus Rögglas Erzählung überschreitet diese Regelung jedoch: Indem er zum einzigen Modus der Erzählung wird, also an keiner Stelle eine Rahmung oder Relativierung durch den Indikativ erfahrt, geriert sich der Ausnahmefall des Konjunktivs als einzige ‚Normalität'. Vor diesem Hintergrund der Grammatik gilt daher, dass in *die ansprechbare* das Sprechen selbst sich immer schon im Ausnahmezustand befindet. (Krauthausen 2019, 168)

Diese Formulierung kann leicht auf alle Geschichten ausgedehnt werden, die nach der gleichen Logik aufgebaut sind. Jeder Text spielt in einem zugleich konkreten und symbolischen Nicht-Ort: Hotels in Los Angeles, Kleinstädte in der deutschen Provinz, Industriegebiete in der Berliner Vorstadt und, natürlich, Flughäfen. Diese Szenarien dienen nur als Sammelpunkt für die apokalyptischen Erzählungen, die sich dann in den immateriellen Medienraum verbreiten, wo sie endlich vereinen.

Hinzu kommt, dass Röggla in dieser Sammlung die künstlerische Partnerschaft mit dem Illustrator Oliver Grajewski, mit dem sie bereits für Veröffentlichung von *tokio, rückwärtstagebuch* (2009) zusammenarbeitete, fortsetzt. Grajewskis Illustrationen übersetzen den Zustand der Alarmbereitschaft mit stark abstrahierten Darstellungen, in denen die symbolischen Elemente der einzelnen Texte auftauchen.

4.6.1 Das Protokoll als Erzählformat

Die Sammlung beginnt mit *die zuseher*, einer Erzählung, welche die voyeuristische Anziehungskraft der Katastrophe thematisiert. Die Geschichte spielt im Safitel Hotel in Los Angeles, in dem eine Konferenz über die Techniken zur Katastrophenvorhersage im Rahmen der Desastertourismus-Branche stattfindet. Dort üben sich die Beteiligten durch die Beobachtung eines Parkplatzes darin, sich mögliche Katastrophen vorzustellen, um neue Verkaufsstrategien zu entwickeln. Ihre Aufmerksamkeit richtet sich auf die Menschen, die dort parken und die als „panikeinkäufer" (Röggla 2010, 8) bezeichnet werden. Diese Wortwahl ist zugleich grotesk und prägnant: Das Substantiv schildert den zeitgenössischen wirtschaftlichen Wert der Panik, die ihr Potential in der Zwischenstation des Einkaufens, und zwar auf einem Parkplatz, enthüllt, und leitet die kritische Perspektive des Textes plastisch ein.

Die Erzählung der Konferenzsitzungen wird immer indirekt durchgeführt. Die Leser:innen konfrontieren sich mit den Protokollen, die von einem *protokollführer* aufgenommen wurden, der eine externe Figur zum Teilnehmer:innenkreis darstellt. Genauso wie in *wir schlafen nicht* sind die Figuren durch ihre Arbeitsrolle gekennzeichnet: Zu jedem Eigennamen wird eine Funktion angegeben, mit Ausnahme des Protokollführers, der nur als solcher genannt wird.

Vor den Protokollen, am Anfang der Erzählung befindet sich ein kursiv markiertes Voice-Over, das ein apokalyptisches Phantasieren vorstellt und sich als Prolog der ganzen Sammlung lesen lässt:

> *mal sehen, ob die wälder wieder brennen, mal sehen ob starke hitze uns entgegenschlägt. mal sehen, ob der rauch die tiere aus den büschen treibt, deren namen wir nicht kennen, mal sehen, ob das eine stille nach sich zieht. mal sehen ob der regen einsetzt, den ein schwarzer wind ins land drückt, mal sehen, ob wassermassen gegen brücken stemmen oder dämmen längst gebrochen sind. mal sehen ob gebäudeteile auf uns niederfallen, ja, mal sehen, ob das ganze runterkommt und eine staubwolke uns entgegenschlägt, die alle farben schluckt. mal sehen, ob sich autos überschlagen und sich metall inenanderschiebt. mal sehen, ob eine stromleitung auf der fahrbahn liegt.*
>
> *mal sehen, ob sie wieder auf der brücke stehen und hinuntersehen, einen steinwurf weg von ereignissen, die sie doch nicht verstehen.*
>
> *mal sehen, ob sie dann zu anderen dingen übergehen, weil ihnen gar zu langweilig wird. mal sehen, ob sich wieder was tut.* (Röggla 2010, 7)

Der Stil folgt den stilistischen Merkmalen des eschatologischen ‚Genres', die bereits im letzten Abschnitt des Prosatextes *selbstläufer (wettrennen)* in der Sammlung *Irres Wetter* beobachtet wurden (vgl. Röggla 2000, 121). Die dreizehnmalige Wiederholung der Formel „mal sehen, ob" verleiht dem Prolog einen mystischen Ton, der von seiner Syntax bekräftigt wird, denn sie zeichnet „die hypothetische Wahrnehmungsform des Hellsehens" nach (Lewandowski 2017, 58). Diese Interpretation setzt Lewandowski in Verbindung mit dem Titel, um die immanente und grundlegende Doppeldeutigkeit der Sprachmanipulierung Rögglas zu unterstreichen:

> Auch könnte man die Betitelung des Zusehers als eine Fusion der Figur des Zuschauers mit der des Hellsehers deuten. Einerseits wird durch das »mal sehen« in Verbindung mit dem

> Titel *die zuseher* erneut die Konnotation eines voyeuristischen Zuschauens bei katastrophalen Großereignissen lebendig, denn die repetitive Struktur greift syntaktisch die gierige Erwartungslust nach dem Zusehen der (nächsten) Katastrophe auf. Andererseits kann das »mal sehen« als Verlegenheitsausdruck gedeutet werden, der ein Ausweichen gegenüber einer eindeutigen Festlegung signalisiert. (Lewandowski 2017, 58)

Lewandowskis Anregung zum Titel ist faszinierend, wobei gerade nur die Tätigkeit des Zusehens der Kern der Prosa ist, denn sie verweist auf eine Art hilflosen Blick angesichts des Geschehens, auf die Unmöglichkeit des Handelns. Die Protagonist:innen werden in der Tat in der passiven Beobachtung eines Parkplatzes dargestellt, auf dem nichts passiert. Ihre Aufgabe besteht genau darin, sich vorzustellen, was bei einer Katastrophe passieren könnte, um einen möglichen Notfall zu vermarkten.

Nach dem Prolog geht die Handlung mit der Meldung über den Verlust des Protokolls der ersten Sitzung los, das wahrscheinlich von *paul kirchstätter,* dem ebenfalls verschwundenen Teamleiter, gestohlen wurde.[10] Der Protokolldiebstahl rechtfertigt den Handlungsbeginn *in medias res,* d. h. ab der zweiten Sitzung. Röggla arbeitet unsystematisch am Format des Protokolls. Die Verschriftlichung der Sitzungen folgt keinem genauen Muster: Die Monologe von Pregler, dem Nachfolger von Kirchstätter, werden abwechselnd in direkter und indirekter Rede wiedergegeben und überlagern sich mit Dialogen, an denen, wie im Fall von *wir schlafen nicht,* alle Protagonist:innen teilnehmen. Der Wechsel und die Verflechtung verschiedener Zeit- und Erzählebenen, die hier das Protokoll-Modell verstärken, stellen Rögglas tiefgreifende Durchdringung des Konzepts des Zusehens formal dar:

> »fahren wir fort und sehen uns den parkplatz an, den parkplatz mit all seinen menschen! ob das schon die panikeinkäufer sind, die panikeinkäufer mit ihren panikeinkäufen? seht euch die wagen an, in denen sie aufkreuzen! [...]« trotzdem, er habe sich die panikeinkäufe ein wenig anders vorgestellt. so wirke es allenfalls unentschieden. er meine, alleine, wenn man sie sich ansehe, wie die in die autos setzen, wie sich hinter steuerrädern verschanzten [...] als hätten sie alle zeit der welt. [...] also ihm komme das komisch vor, mit welcher ruhe die da in die zufahrtsstraße auf den highway bögen, er meine: »sehen so die menschen aus, die bald von der bildfläche verschwunden sein werden?« (Röggla 2010, 8–9)

---

10 In diesem Zusammenhang sei auf die Analogie zwischen der Handlung von *die zuseher* und Maeterlincks Theaterstück *Die Blinden* verwiesen, das mit dem Tod des Führers einer Gruppe von Blinden im Wald beginnt, die sich verirrt haben und über ihre Existenz inmitten von Bedrohungen nachdenken, die sie nicht wahrnehmen können. Neben der Handlung scheint auch das Spiel mit den Titeln die beiden Werke zu verbinden, denn in Rögglas Geschichte steht die Tätigkeit des Schauens im Mittelpunkt, während bei Maeterlinck die Blindheit als nützliches Mittel für eine Umkehrung der Perspektive dient.

Die Gegenüberstellung von direkter und indirekter Rede zeigt eine präzise Geometrie des Beobachtens, die sich folgendermaßen artikuliert: Die Zuseher studieren durch ein Glas die Panikeinkäufer wie Versuchskaninchen in einem Labor, während sie ihrerseits vom Protokollführer beobachtet und verschriftlicht werden. Die Beobachtungskette ist durch die mehr oder weniger unbewusste Erwartung einer Katastrophe zusammengehalten, die das Leitmotiv des gesamten Werks ist.

Diese Hierarchie der Blicke entsteht durch das Experimentieren mit dem Format des Protokolls, weil die Autorin die soziale Position der involvierten Figuren durch ihre unterschiedlichen Entfernungsgrade von Preglers Worten übersetzt. Die Panikeinkäufer befinden sich auf der anderen Seite des Glases, sie sind dann zu weit entfernt, um Pregler zu hören und sich zu äußern. Daher befinden sie sich als stumme Objekte am Rand der wirtschaftlichen Hierarchie. Die Teammitglieder, eine Stufe unter Pregler, sind hingegen die Empfänger der direkten Rede und besetzen eine mittlere Stufe in dieser konzeptuellen Darstellung der marktbasierten sozialen Skala. Eine hybride Stellung hat dann der Protokollführer anhand seiner Rolle als Mitverfasser der Rede. Das Protokoll stellt somit sowohl die räumliche Dimension als auch die Art der Beziehungen zwischen den Protagonist:innen plastisch dar.

Alle Erzählperspektiven, die von der Montage miteinander verwoben werden, basieren auf der Idee des Risikos, d. h. auf einem „Präventivdenken" (Röggla 2013d, 19), das für die Katastrophe als Denkmodell typisch ist. In dieser dramaturgischen Konfiguration lässt sich die Rezeption der Theorie Ulrich Becks in Rögglas Werk erkennen (vgl. Sieg 2017).

Ulrich Beck beschreibt das Verhältnis von Risiko und Katastrophe in der heutigen Gesellschaft als eine „Latenzkausalität" (1986, 97) und erklärt, wie diese Kräfte durch eine Wahrnehmungslücke miteinander verbunden sind, wobei das Risiko der Katastrophe in Form einer Suggestion vorausgeht. Diese Abwechslung erzeugt eine wissenschaftlich nicht belegbare Erzählung der Gegenwart, welche die Wahrnehmung verwirrt und eine formlose Panik verbreitet:

> Risiko ist *nicht gleichbedeutend* mit Katastrophe. Risiko bedeutet die *Antizipation* der Katastrophe. [...] Während jede Katastrophe räumlich, zeitlich und sozial bestimmt ist, kennt die Antizipation der Katastrophe keine raum-zeitliche oder soziale Konkretion. Die Kategorie des Risikos meint also die umstrittene Wirklichkeit der Möglichkeit, die einerseits von der bloß spekulativen Möglichkeit, andererseits dem eingetretenen Katastrophenfall abzugrenzen ist. (Beck 2008, 29)

In diesem Zusammenhang ruft Beck dazu auf, einen zusätzlichen Raum zu schaffen, in dem die Machtverhältnisse zwischen Risiko und Katastrophe kritisch hinterfragt werden können, um das Latenzverhältnis zu unterbrechen: „Die Welt des Sichtbaren muß auf eine gedachte und doch in ihr versteckte zweite Wirklichkeit hin befragt, relativiert, bewertet werden. Die Maßstäbe der Bewertung liegen in dieser, nicht in der sichtbaren selbst" (Beck 1986, 97). Davon ausgehend profiliert sich das von Röggla verwendete Erzählformat des Protokolls als ein Darstellungsversuch dieser „zweiten Realität", da die Autorin darauf abzielt, die Prozesse der Kapitalisierung der Panik durch eine „Echtzeit-Übertragung" (Moser 2017, 176) offenzulegen. Dabei stellt das Protokoll ein Davor und ein Danach zur ewigen Gegenwart des Ausnahmezustands her, indem es alternative Zeitwahrnehmungen des Alltags schafft. Darüber hinaus hat es einen performativen Wert, da es eine Veränderung der gegebenen Situation ratifiziert.

Genau dieser Aspekt kommt in der vierten Sitzung zum Vorschein, in der deutlich wird, wie die in der direkten Rede erlebte *Realität* mit der protokollierten *zweiten Realität* kollidiert:

> *4. sitzung: selber ort, dienstag 24.9., 8.45 uhr, anwesende: gerd pregler, marko keglevic sowie der protokollführer.*
>
> »so reden sie nicht«, habe frau strebitz gesagt, »so reden keine sonderermittler, keine sonderbeauftragten und auch kein sondereinsatzkommando«, habe sie gleich fachmännisch festgestellt. nein, so redeten sie nicht, habe sie wiederholt, sie fingen ihre sätze anders an, sie nutzen andere vokabeln, außerdem erklärten sie nicht so schrecklich viel. [...] »was soll's«, habe er ihr geantwortet, »uns bleiben nur diese hier.« doch sie habe luft eingesogen und gesagt »du verstehst nicht, was ich meine«. dann habe sie einen augenblick geschwiegen, einen augenblick, in dem er tatsächlich nicht gewusst habe, was sie meine. [...]
>
> in dem augenblick sei er einfach nur wütend gewesen. da habe man sich endlich rausbegeben, da habe man sich runter auf die straße begeben und sei auch glatt auf sowas wie ein team gestoßen, und sie haue einfach ab. [...]
>
> wie? einfach gegangen?, habe auch er sich gefragt, wie das möglich sein könne. anscheinend glaube sie, dass so etwas eine option sei. die meisten unserer seminarteilnehmer wollten ja doch eher hier drinnen bleiben, die meisten seien ja erfreut gewesen, uns verlassen zu müssen. aber sie? er habe das nicht in den kopf gekriegt. (Röggla 2010, 22–23)

In der vierten und letzten Sitzung verließ *berit strebitz*, „abteilungsleiterin entwicklung, murmur-chemie" (Röggla 2010, 7), die Gruppe. Die Wiedergabe des Streits zwischen Strebitz und Pregler folgt dem früher beobachteten Schema: Die direkten Zitate sind von den Ergänzungen des Protokollführers begleitet, der die Handlungen beider Figuren im Konjunktiv verschriftet, aber im Nachhinein die Anwesenheit der Frau vollständig auslöscht (vgl. „*anwesende: gerd pregler, marko keglevic sowie der protokollführer*", Röggla 2010, 22). Die drei Erzählebenen, nämlich die direkte und die indirekte Rede zusammen mit der Wirklichkeit des Protokolls, widersprechen einander, was dem Protokollführer die volle Macht über die Umschreibung des Realen verleiht. Auf diese Weise ersetzt die fiktionalisierte Chronik der Wirklichkeit das Ereignis, indem sie es überschreibt. Aus diesem

Grund erinnert die Protokollführer-Figur an *mr. speaker* in *really ground zero*, da beide als Drehpunkt des Diskurses der anderen gelten. Mit anderen Worten, sie sind beide dazu berufen, das Recht, in einem öffentlichen Kontext zu sprechen, zu erteilen oder zu entziehen – im Fall von *die zuseher* könnte man es als ein Recht auf Anwesenheit definieren. Sowohl *mr. speaker* als auch *der protokollführer* charakterisieren sich als Diskursregisseure im Kontext des Ausnahmezustands, wo, wie Krauthausen bemerkt, die Norm, d. h. der Indikativ, durch den im Konjunktiv vermittelten permanenten Ungewissheitszustand ersetzt wird. Diese Autorität verdeutlicht sich in den letzten Seiten der Erzählung, wenn die Katastrophe unerwartet eintritt. In diesem Fall ist es der Protokollführer selbst, der zu Wort kommt, um als einziges „ich" aufzutreten:

> ob ich nicht bei den lebenszeichen mitmachen könne, die am ende auftauchen müssten und allen zeigten, dass es doch irgendwie weitergehe? man könne ja schlecht von ihm erwarten, dass er alleine lebenszeichen von sich gebe, nachdem unser EU-beauftragter nun auch verschwunden sei. dass er alleine mit dieser menschenleere zurechtkomme. normalerweise finde sich zu diesem zeitpunkt doch immer ein grüppchen versprengter zusammen, das sich durch diese landschaft mit ihrer wahnsinnigen geografie bewege und irgendwo eine neue zivilisation gründe, um seinen vorredner noch einmal zu zitieren. doch hier tue sich nichts diesbezüglich. im gegenteil, es werde einfach nur sozusagen schwarz. ja, schwarz! es sei aber ein schwarz ohne abspann, ohne musik, ohne musiktitelliste. ein schwarz ohne alles.
> [...]
> *anmerkung in eigener sache: nach der niederschrift der sitzungsprotokolle werde ich, der protokollant, das zimmer verlassen, um hilfe zu holen, auch wenn das gegen sämtliche abkommen der desastertourism-agentur verstoßt.* (Röggla 2010, 26)

Dieser Auszug ist von besonderem Interesse, da er den Konflikt zwischen Sprache und Handlung in einer symmetrischen Übertragung inszeniert. Im ersten Teil teilt der Protokollführer seinen Handlungswillen als Zweifel mit, da er sich noch in der konjunktivischen Dimension befindet: „ob ich nicht bei den lebenszeichen mitmachen könnte, die am ende auftauchen müssten und allen zeigen, dass es doch irgendwie weitergehe?". Die echte Reaktion auf die Katastrophe lässt sich also in der verschobenen Dimension der indirekten Rede nicht realisieren. Diese Perspektive kehrt sich in der Schlussbemerkung um, in der der Protokollführer im Futur davon berichtet, dass er nach der Niederschrift des Protokolls aus der Gruppe der Zuseher heraustritt und bewusst zum Schaden der Agentur handelt, indem er Menschen in Not hilft. Es ist das Eintreten eines konkreten Ausnahmezustands, das diesen diegetischen und sprachlichen Umbruch ermöglicht und keinen Raum mehr für das hypothetische und katastrophale konjunktivische Phantasieren lässt.

4.6.2 Hypothetische Zukunftsszenarien

Im weiteren Verlauf der Sammlung setzt sich die Darstellung des latenten Verhältnisses zwischen der Vorstellung der Katastrophe und ihrem tatsächlichen Eintreffen in einer zunehmend dystopischen Tonart fort. Hebt Röggla in *die zuseher* die Rolle der Panik als neues Kapital hervor, so fokussiert sie in *die ansprechbare* ausschließlich die Sprache als Medium, das den wirtschaftlichen Wert der Angst erhöht. Wie schon bei *die zuseher* beobachtet wurde, ist der inhaltliche und ästhetische Kern der Geschichte in ihrem Beginn vorweggenommen:

> ich solle erstmal luft holen. also, erstmal luft holen, bevor ich weiterredete. man könne mich gar nicht verstehen. man verstehe nicht, was ich sagen wolle. also erstmal einatmen und ausatmen, ja? das ausatmen, habe sie sich sagen lassen, das vergesse man so leicht. dabei sei dazu ausatmen wichtiger als das einatmen, warum, wisse sie auch nicht. vielleicht weil verbrauchte luft schädlicher sei als gar keine luft, wobei sie sich das nicht vorstellen könne, ihr sei eine verbrauchte luft stets lieber gewesen als gar keine, weil man selbst aus verbrachter luft noch etwas sauerstoff rauskriegen könne. (Röggla 2010, 29)

Im Zentrum der Kurzgeschichte steht ein nächtliches Telefongespräch über die klimatischen Entwicklungen zwischen einem „ich" und einer „sie". Wie Krauthausen feststellt, ist der Begriff „Gespräch" jedoch von Anfang an problematisch. Die Wesensart dieser Sprechinstanzen ist extrem labil, denn

> [v]ielmehr wiederholt die eine der beiden, das ‚ich', mit ihrem Sprechen ausschließlich die Rede ihres Gegenübers, und zwar ohne zu kommentieren oder irgend eine ‚eigene' emotionale Reaktion zu zeigen. Der szenische Bericht des ‚ich' konstituiert das Erzählte wie das Erzählen und begründet insgesamt eine ungewöhnliche Erzählsituation, […]." (Krauthausen 2022, 96–97)

Im zitierten Auszug gleicht der hektische Prosarhythmus dem einer Panikattacke, bei der sich Bilder und Gedanken krampfhaft abwechseln. In diesem emotionalen Kaleidoskop von apokalyptischen Figurationen wird die Frage des Klimawandels durch das Einfügen von diskursiven Konstruktionen thematisiert, welche die von den Medien verbreitete Stimme repräsentieren. Beim Versuch, ihre Atemnot zu lindern, äußert die Ich-Instanz verschiedene Hypothesen über die Luftverschmutzung, in denen die programmatische und zugleich äußerst vage Lexik der Nachrichtenberichte anklingt. Die scheinbare Bedrohlichkeit dieser Information wird jedoch prompt durch den Konjunktiv in Frage gestellt: „verbrauchte luft [sei] schädlicher als gar keine luft, […] weil man selbst aus verbrachter luft noch etwas sauerstoff rauskriegen könnte". Durch dieses paradoxe Vorgehen stellt Röggla die tautologische Dynamik des aktuellen Alarmzustandes dar und signalisiert die Unfähigkeit dieser Instanz, aus diesem Denkschema auszubrechen, um den Prozess der passiven Assimilation an die Risikorhetorik zu entlarven (vgl. Lewandowski 2017). In dieser wachsenden Erregung simuliert die Äußerung „also erstmal einatmen und ausatmen, ja?" die besondere dialogische Situation, indem sie sowohl als rhetorische Frage als auch als Wiederholung der Worte de:r Gesprächspartner:in durch die Ich-Instanz gelesen werden kann.

Die Konfiguration des Dialogs zwischen den beiden Instanzen in *die ansprechbare* stellt sich als Höhepunkt von Rögglas bisherigen Experimenten mit der indirekten Rede dar, denn das „ich", das in ihren bisherigen Arbeiten stets auf die auktoriale Subjektivität zurückgeführt wurde, zeigt sich hier in der distanzierten Dimension des Konjunktivs I und erscheint somit als entleerte Äußerungsinstanz. Daraus folgt, dass dieses „ich" keine eindeutige Charakterisierung hat, sondern im Laufe der Prosa transitorische Identitäten annimmt, die durch den hervorgerufenen diskursiven Kontext gegeben sind. In der ausführlicheren Lektüre, die Karin Krauthausen von dieser Erzähltechnik verfasst hat, heißt es:

> In der Erzählung hat dieses ‚ich' zunächst vor allem eine Funktion: Es transportiert die Rede des Gegenübers und damit dessen Außenperspektive auf das ‚ich'. Und mehr noch: die emotionale (wütende bis hysterische) Färbung der vom ‚ich' rekapitulierten Reden verraten vor allem etwas über die subjektive Haltung des Telefongegenübers. Der Standpunkt der Wahrnehmenden (die Fokalisierung) und der Standpunkt der Sprechenden unterscheiden sich also, da allein die Perspektive des Telefongegenübers den Inhalt der Rede bestimmt. Zudem gilt, dass der Standpunkt der Sprechenden, also des ‚ich', nahezu verschwindet, weil er von der Rede einer anderen kolonialisiert wird. (Krauthausen 2022, 97)

Diese Entleerung der Ich-Instanz fällt mit dem Verweis auf die mythologische Figur der Kassandra zusammen, die als Hellseherin die Trennung zwischen Körperlichkeit und Intentionalität der Sprache aufweist.[11]

> überhaupt: der ständige alarm habe zur folge, dass mir niemand mehr zuhören wolle. [...] ob noch niemand auf die idee gekommen sei, mich kassandra zu taufen? also sie habe mich längst so getauft, so innerlich, äußerlich würde sie mich natürlich bei meinem namen rufen, aber innerlich stünde ich fest als kassandra. [...] aber wenn sie es sich recht überlege, sei ich eine gefakte kassandra, denn meine prophezeiungen stammten nicht einmal von mir, die seien nicht aus der luft gegriffen, in einer göttlicher schau, also in anhörung der götter. meine visionen seien zudem nicht das neueste, was auf dem markt zu haben sei, sie seien abgekupfert – auch wenn ich meine quellen nicht bekannt gäbe. (Röggla 2010, 39–40)

Die radikale Abstraktion der Sprechinstanzen durch den Konjunktiv drückt also die formale Illusion des Dialogismus aus, der jedoch keine Dialogizität hat, weil

---

[11] Die ersten Hinweise auf diese Figur finden sich in der Prosa *selbstläufer (wettrennen)* in der Sammlung *Irres Wetter* (Röggla 2000, 118–120).

die einzelnen Stimmen *de facto* schwer trennbar sind. Auch diesbezüglich ist Krauthausens Interpretation sehr erhellend:

> Rögglas Erzähltechnik spaltet im Grunde Erleben und Berichten sowie Sprechen und Erzählen in zwei Figuren auf (‚ich' und ‚sie'), die aber situativ (durch die mediale Konstellation des Telefongesprächs), grammatisch (direkte/indirekte Rede) sowie erzähltechnisch (freie indirekte Rede) miteinander verbunden und aufeinander bezogen sind. (Krauthausen 2022, 99)

Daraus folgt, dass die beiden Sprechinstanzen nur formal den Eindruck eines Dialogs erwecken, da es eben diese fiktive Gestaltung ist, die ihre Eigenschaft als reine Sprache offenbart. Durch ihre Neutralisierung inszeniert Röggla letztendlich die Sprache selbst und nicht einen Sprechertyp. Dieser formal inszenierte Dialog schließt an das Erbe Ernst Jandls an, wonach der Konjunktiv „das erzählen/von etwas/erzähltem sei" (Jandl 1980, 63–64). Rögglas Figuren nehmen endgültig die Gestalt von *Sprechgattungen* an, da sie nicht mehr diskursive Übertragungen von sozialen Kategorien sind, sondern die rein literarischen Umsetzungen der „Gattungsformen", in die wir, Bachtin folgend, „unsere Rede [gießen]" (2017, 31).

Innerhalb dieser formalen Struktur wiederholt die Perspektive des ständigen Zweifels die Vermarktung des Katastrophen-Denkens und Sprechens, was ein thematischer Drehpunkt der Sammlung ist. Die Visionen dieses „ich" bleiben ungehört – nicht wegen einer apollinischen Verurteilung, sondern weil sie im Kontext einer hohen „kassandrakonkurrenz" „abgekupfert" (Röggla 2010, 42) sind. Sowohl der Begriff „Konkurrenz" als auch der Satz „nicht das neueste, was auf dem markt zu haben sei" stellen wiederum die Verbindung zwischen Panik und Wirtschaft her, die sich in der Sphäre der Sprache manifestiert. Die indirekte Rede dient also auch der Reproduktion dieses Übermaßes an medialen Anklängen – „magische[...] medienerzählungen, die uns umgeben" (Röggla 2010, 44), heißt es im Text – welche die Grundlage für die stabile Aufrechterhaltung des Ausnahmezustands sind.

Auch *die ansprechbare* endet mit dem tatsächlichen Eintreffen der Katastrophe. In den letzten Zeilen der Erzählung erliegt die Sie-Instanz aufgrund des früh im Text befürchteten durch „überhitzung ausgelösten kabelbrand[s]" (Röggla 2010, 52) einem häuslichen Unfall.

> wie? ich werde ihr doch nicht sagen, dass es jetzt aus sei. dass sie jeden moment keine luft mehr bekommen werde, weil gleich keine mehr um sie sei. [...] ich werde ihr doch nicht sagen, dass sie es nicht mehr zum fenster geschafft haben, dass sie ihre maßnahme gegen die atemnot nicht mehr haben vollziehen können, sondern liegengeblieben sei, zurückgeblieben in diesem sich schlagartig erhitzenden und verrauchten raum.
>
> ich werde doch in einer abartigen vergangenheitsform mit ihr sprechen. ich werde ihr doch nicht sagen, dass sie angekommen ist an einem ort, an dem plusquamperfekt und

futur 2 zusammengeflossen sind, das werde ich doch nicht sagen, und dass das mein letzter satz gewesen ist. (ab, 52–53)

Das abschließende Bild, in dem mehrere Zeitebenen aufeinanderprallen, ist die einmalige und unwiederholbare Zeit der vorausgesagten Katastrophe – es ist die gewaltsame Manifestation eines immer wieder beschworenen „Jetzt, Jetzt, Jetzt!" (Röggla 2015, 53), das sich nur einmalig realisiert.

4.6.3 Nachrichten vom Weltuntergang

Im Hinblick auf die bisherige Analyse hat sich herausgestellt, dass Röggla in *die alarmbereiten* nicht die Kommunikation kritisch inszeniert, wie bspw. im Fall von *wir schlafen nicht*, sondern ihre Übertragungsmechanismen. Die Sprechinstanzen werden als Stimmen ohne Körper in einem medialisierten Kommunikationsakt dargestellt. Sie sind also keinem direkten Kontakt mit der Wirklichkeit und das schlägt sich textuell radikal in der konjunktivischen Sprache nieder. Dafür steht die letzte Kurzgeschichte, *deutschlandfunk*, emblematisch.

Zunächst spielt sie im Raum des Radios, dem symbolischsten Ort der Kommunikationsübertragung, weil dort die konkreten Kontexte der Wirklichkeit zusammenkommen, um durch eine körperlose Stimme in die immaterielle Dimension des Äthers gestrahlt zu werden. Per Radio vollzieht sich also die physische Abstraktion des Realen in Form einer mündlichen Erzählung, die das letztendliche Ziel des formalen Experimentierens von Kathrin Röggla in diesem Werk ist.

Darüber hinaus haben die Stimmen, die in *deutschlandfunk* zum Wort kommen, keine menschlichen Züge. Sie sind „radiostimmen" (Röggla 2010, 177), sprechende Geräte, die wiederholen, was in der Welt geschehen ist. Diese körperlose Charakterisierung wird zunächst durch die Illustration von Grajewski (Röggla 2010, 176) angedeutet, die eine leere Radiokabine zeigt, auf der in von Schallschwingungen erschütterter Schrift „on air" geschrieben steht, während im Vordergrund ein weibliches Gesicht einsam zuhört.

In diesem Prosastück gründet sich die Erzähltechnik auf das rückwärts-Prinzip: Die Katastrophenchronist:innen gehen, mit kurzen Unterbrechungen der Zuhörer:innen, die zentralen Themen der Sammlung durch. Ist also der mystische Auftakt der *zuseher* als Prolog der Sammlung anzusehen, bildet *deutschlandfunk* hingegen ihren Epilog. In den ersten Zeilen der Prosa wird die rückwärts-Frage implizit aufgegriffen:

– die ganz schnelle antwort, die hätten sie nicht parat, hat der pressesprecher gesagt. aber wer hat die schon? es gilt jetzt abzuwarten, bis eine normalisierung eintritt. es gilt zurückzukehren zu einem alltag, den man übereilt verlassen hat.

> – retrospektiv nehmen die dinge gerne eine andere farbe an, das darf man nicht vergessen. sie haben dann eine andere temperatur, sie sind dabei abzukühlen und sehen dann anders aus. (Röggla 2010, 177)

Aus dem ersten Austausch zwischen diesen anonymen Radiostimmen kann man die politische Funktion des rückwärtsgewandten Erzählens entnehmen: Es bietet sich als retrospektive Beobachtung an, die einer Gegenwart, die „immer am laufen" (Röggla 2010, 177) ist, „eine andere farbe [...], eine andere temperatur" verleiht. Kathrin Röggla selbst unterstreicht diesen Aspekt im Rahmen der Poetikvorlesungen an der Universität Bamberg 2018:

> Die Welt scheint rückwärts zu laufen. Ein rewind ist angesagt, eine ständige Rückspulnummer, als müsste man nur zu einem gewissen Punkt zurückkehren, um dann in eine Zeitlosigkeit eintauchen, die uns errettet aus der sich ständig anbahnenden und dabei sich selbst überholenden Katastrophe, die wir Geschichte nennen. (Röggla 2019b, 19)

In Rahmen dieser Forschungsarbeit wurde die Zentralität der rückwärtsgewandten Erzählweise schon in Bezug auf das Frühwerk Rögglas mehrmals betont. Nun lässt sich feststellen, dass die letzten Seiten von *die alarmbereiten* den Endpunkt der fortschreitenden Verfeinerung dieser Idee auf der literarischen Ebene freilegen. Einen weiteren Hinweis dazu findet man in den später im Text angesprochenen Szenarien, die eine starke metaliterarische Valenz aufweisen. Sie fassen nicht nur die Themen der Sammlung zusammen, sondern auch die Kerne von Rögglas Gesamtwerk. Die Passage „eine form vom alltag zusammenzubringen" (Röggla 2010, 179) ruft unmittelbar die Prekarisierung des Lebens auf, die in einem Kontext des medialen Drucks „das phänomen der zuseher" (Röggla 2010, 184) erzeugt.

Der Entwicklung des rückwärts-Prinzips folgend, zeigt sich eine gewisse Kohärenz in Kathrin Rögglas Konzeption des Schreibens, die seit 1995 darauf abzielt, die passende Form zu finden, um einen soziopolitischen Wandel zu repräsentieren, der sich auf der Zerstückelung, Trennung und Auflösung des Individuums angesichts der wirtschaftlichen Produktion von Arbeit, Profit und, letztendlich, Panik gründet.

4.7 *Nachtsendung. Unheimliche Geschichten* (2016)

Die Kurzgeschichtensammlung *Nachtsendung. Unheimliche Geschichte* weist mehrere Kontinuitätspunkte mit *die alarmbereiten* auf, vor allem auf thematischer Ebene. Schon das Bild der Sendung deutet sowohl auf die Reflexion von Übertragungsmechanismen der Kommunikation hin, als auch auf das Szenarium des Radios, das im Zentrum von *deutschlandfunk* stand. Es handelt sich jedoch um eine Nachtsendung, d. h. eine nächtliche Sendung, in der das Gefühl des Unheimlichen,